普通高等教育“十二五”规划教材

# 简明线性代数教程

（第二版）

主　编　柴伟文
副主编　马晓丽　曹黎侠
　　　　李晓红　李花妮
主　审　李选民

科学出版社
北　京

## 内 容 简 介

本书根据数学与统计学教学指导委员会制定的《线性代数课程基本要求》编写而成．全书共5章，分别是行列式、矩阵及其运算、向量组的线性相关性、线性方程组解的结构、相似矩阵及二次型.

本书可作为普通高等学校工科类各专业线性代数课程的教材，也可作为普通高等学校理工类（非数学专业）、经管类的线性代数教材，还可作为成人教育类（非数学专业）教学用书.

**图书在版编目(CIP)数据**

简明线性代数教程/柴伟文主编. —2版. —北京：科学出版社，2015
普通高等教育“十二五”规划教材

ISBN 978-7-03-043170-7

Ⅰ.①简… Ⅱ.①柴… Ⅲ.①线性代数-高等学校-教材 Ⅳ.①O151.2

中国版本图书馆CIP数据核字(2015)第018884号

责任编辑：任俊红 / 责任校对：张怡君
责任印制：霍 兵 / 封面设计：华路天然工作室

科学出版社 出版
北京东黄城根北街16号
邮政编码：100717
http://www.sciencep.com
文林印务有限公司 印刷
科学出版社发行 各地新华书店经销
*
2012年1月第 一 版 开本：720×1000 1/16
2015年1月第 二 版 印张：8
2018年1月第七次印刷 字数：189 000

**定价：29.00元**

（如有印装质量问题，我社负责调换）

# 第二版前言

为了适应高等学校对工科数学教学改革的要求，在学生掌握线性代数基本内容和基本方法的前提下，面对减少计划学时的客观现实，迫切需要一本适合学生自学且能够牢固地掌握知识的教材．本书就是基于这个指导思想，在西安工业大学进行了多次教学改革实践的基础上，根据数学与统计学教学指导委员会制定的《线性代数课程基本要求》，结合自身教学经验对第一版教材中的第二章、第三章，特别是第四章的内容进行了重新编写．

在本书的编写过程中，我们努力做到由浅入深、循序渐进，在内容的讲述和一些结论的证明过程中力求简单明了，便于自学．每章后都附有适量习题，用以复习和巩固本章内容，帮助读者对本章有个总体的了解，并据此将所学内容连贯起来．

本书所需学时为 32～48 学时，可满足普通高等学校工科各专业对“线性代数”课程的基本要求．

全书共 5 章．其中第 1 章由李花妮编写，第 2 章由马晓丽编写，第 3 章由曹黎侠编写，第 4 章由柴伟文编写，第 5 章由李晓红编写．

本书的编写得到西安工业大学教务处和理学院的大力支持，李选民教授仔细审阅了本书，并提出了许多宝贵意见；本书的顺利出版还得到了科学出版社的大力支持．在此一并予以感谢．

本书是为适应 21 世纪应用型本科教学需要而做的一种尝试．由于编者水平有限，书中难免存在不足与纰漏之处，恳请各位同行和读者批评指正．

编　者

2014 年 11 月

# 目　　录

# 第1章 行　列　式

行列式是一种基本的数学工具．本章主要介绍行列式的定义、性质及计算，最后给出应用行列式求解 $n$ 元线性方程组的克拉默法则(Cramer's Rule).

## 1.1　二阶与三阶行列式

### 1.1.1　二元线性方程组与二阶行列式

行列式的概念首先是在求解方程组个数与未知量个数相同的一次方程组的问题中提出来的．例如，用消元法解二元线性方程组

$$\begin{cases} a_{11}x_1+a_{12}x_2=b_1, \\ a_{21}x_1+a_{22}x_2=b_2. \end{cases} \tag{1.1}$$

当 $a_{11}a_{22}-a_{12}a_{21}\neq 0$ 时，解方程组(1.1)的解为

$$x_1=\frac{b_1a_{22}-a_{12}b_2}{a_{11}a_{22}-a_{12}a_{21}},\quad x_2=\frac{a_{11}b_2-b_1a_{21}}{a_{11}a_{22}-a_{12}a_{21}}. \tag{1.2}$$

为了表述方便起见，引入记号

$$\begin{vmatrix} a_{11} & a_{12} \\ a_{21} & a_{22} \end{vmatrix}, \tag{1.3}$$

称式(1.3)为**二阶行列式**，它是由 $2^2$ 个数组成的一个代数表达式，等于数 $a_{11}a_{22}-a_{12}a_{21}$，即

$$\begin{vmatrix} a_{11} & a_{12} \\ a_{21} & a_{22} \end{vmatrix}=a_{11}a_{22}-a_{12}a_{21}. \tag{1.4}$$

数 $a_{ij}(i,j=1,2)$ 称为行列式(1.3)的**元素**，元素 $a_{ij}$ 的第一个下标，$i$ 称为**行标**，表明该元素位于第 $i$ 行；第二个下标 $j$ 称为**列标**，表明该元素位于第 $j$ 列．

上述二阶行列式的定义可用对角线法则来记忆．如图 1.1 所示，把 $a_{11}$ 到 $a_{22}$ 的实连线称为主对角线，$a_{12}$ 到 $a_{21}$ 的虚连线称为副对角线，于是二阶行列式便是主对角线上的两元素之积减去副对角线上两元素之积所得的差，称为二阶行列式的**对角线法则**．

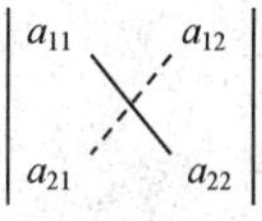

图 1.1

利用二阶行列式的概念，式(1.2)中 $x_1,x_2$ 的分子也可以写成二阶行列式，即

$$b_1a_{22}-a_{12}b_2=\begin{vmatrix} b_1 & a_{12} \\ b_2 & a_{22} \end{vmatrix},\quad a_{11}b_2-b_1a_{21}=\begin{vmatrix} a_{11} & b_1 \\ a_{21} & b_2 \end{vmatrix}.$$

若记

$$D=\begin{vmatrix} a_{11} & a_{12} \\ a_{21} & a_{22} \end{vmatrix},\quad D_1=\begin{vmatrix} b_1 & a_{12} \\ b_2 & a_{22} \end{vmatrix},\quad D_2=\begin{vmatrix} a_{11} & b_1 \\ a_{21} & b_2 \end{vmatrix},$$

则解方程组(1.1)的解可表示为

$$x_1=\frac{D_1}{D}=\frac{\begin{vmatrix} b_1 & a_{12} \\ b_2 & a_{22} \end{vmatrix}}{\begin{vmatrix} a_{11} & a_{12} \\ a_{21} & a_{22} \end{vmatrix}},\quad x_2=\frac{D_2}{D}=\frac{\begin{vmatrix} a_{11} & b_1 \\ a_{21} & b_2 \end{vmatrix}}{\begin{vmatrix} a_{11} & a_{12} \\ a_{21} & a_{22} \end{vmatrix}}.$$

注意,这里的分母 $D$ 是由方程组(1.1)的系数所确定的二阶行列式(称为系数行列式),$x_1$ 的分子 $D_1$ 是用常数 $b_1,b_2$ 替换 $D$ 中 $x_1$ 的系数 $a_{11},a_{21}$所得的二阶行列式,$x_2$ 的分子 $D_2$ 是用常数 $b_1,b_2$ 替换 $D$ 中 $x_2$ 的系数 $a_{12},a_{22}$所得的二阶行列式.

**例 1.1** 求解二元线性方程组$\begin{cases} 3x_1+x_2=9, \\ x_1-2x_2=-4. \end{cases}$

**解** 由于

$$D=\begin{vmatrix} 3 & 1 \\ 1 & -2 \end{vmatrix}=3\times(-2)-1\times1=-7\neq0,$$

$$D_1=\begin{vmatrix} 9 & 1 \\ -4 & -2 \end{vmatrix}=9\times(-2)-1\times(-4)=-14,$$

$$D_2=\begin{vmatrix} 3 & 9 \\ 1 & -4 \end{vmatrix}=3\times(-4)-9\times1=-21,$$

所以

$$x_1=\frac{D_1}{D}=\frac{-14}{-7}=2,\quad x_2=\frac{D_2}{D}=\frac{-21}{-7}=3.$$

### 1.1.2 三阶行列式

对于 9 个元素 $a_{ij}\,(i,j=1,2,3)$,记号

$$\begin{vmatrix} a_{11} & a_{12} & a_{13} \\ a_{21} & a_{22} & a_{23} \\ a_{31} & a_{32} & a_{33} \end{vmatrix}$$

称为**三阶行列式**,它由 $3^2$ 个数组成,也代表一个算式,等于数

$$a_{11}a_{22}a_{33}+a_{12}a_{23}a_{31}+a_{13}a_{21}a_{32}-a_{11}a_{23}a_{32}-a_{12}a_{21}a_{33}-a_{13}a_{22}a_{31},$$

即

$$\begin{vmatrix} a_{11} & a_{12} & a_{13} \\ a_{21} & a_{22} & a_{23} \\ a_{31} & a_{32} & a_{33} \end{vmatrix} = a_{11}a_{22}a_{33}+a_{12}a_{23}a_{31}+a_{13}a_{21}a_{32}-a_{11}a_{23}a_{32}-a_{12}a_{21}a_{33}-a_{13}a_{22}a_{31}. \tag{1.5}$$

式(1.5)中右端含有6项，每项均为不同行、不同列的三个元素的乘积再冠以正负号，其代数和也可以用划线(图1.2)的方法记忆，其中各实线连接的三个元素的乘积是代数和中的正项，各虚线连接的三个元素乘积是代数和中的负项．这种方法称为三阶行列式的对角线法则．

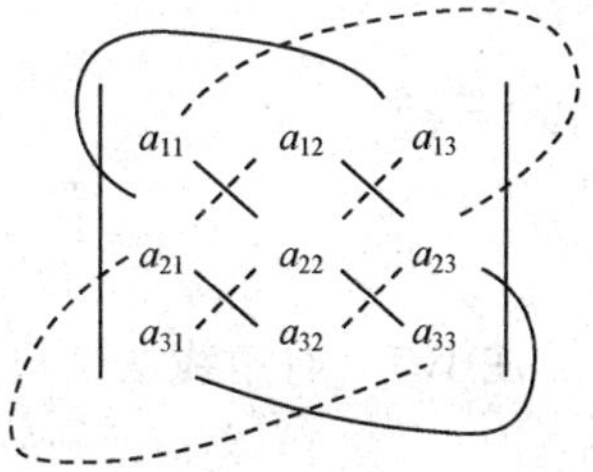


图1.2

引入三阶行列式的概念后，对于三元线性方程组

$$\begin{cases} a_{11}x_1+a_{12}x_2+a_{13}x_3=b_1, \\ a_{21}x_1+a_{22}x_2+a_{33}x_3=b_2, \\ a_{31}x_1+a_{32}x_2+a_{33}x_3=b_3, \end{cases}$$

若系数行列式

$$D=\begin{vmatrix} a_{11} & a_{12} & a_{13} \\ a_{21} & a_{22} & a_{23} \\ a_{31} & a_{32} & a_{33} \end{vmatrix} \neq 0,$$

则用消元法求解这个方程组可得

$$x_1=\frac{D_1}{D}, \quad x_2=\frac{D_2}{D}, \quad x_3=\frac{D_3}{D},$$

其中 $D_j(j=1,2,3)$ 为用常数 $b_1,b_2,b_3$ 替换 $D$ 中第 $j$ 列所得的行列式，即

$$D_1=\begin{vmatrix} b_1 & a_{12} & a_{13} \\ b_2 & a_{22} & a_{23} \\ b_3 & a_{32} & a_{33} \end{vmatrix}, \quad D_2=\begin{vmatrix} a_{11} & b_1 & a_{13} \\ a_{21} & b_2 & a_{23} \\ a_{31} & b_3 & a_{33} \end{vmatrix}, \quad D_3=\begin{vmatrix} a_{11} & a_{12} & b_1 \\ a_{21} & a_{22} & b_2 \\ a_{31} & a_{32} & b_3 \end{vmatrix}.$$

**例1.2** 求解三元线性方程组 $\begin{cases} x_1+2x_2-4x_3=9, \\ -2x_1+2x_2+x_3=1, \\ -3x_1+4x_2-2x_3=7. \end{cases}$

**解** 按对角线法则有

$$\begin{aligned} D &= \begin{vmatrix} 1 & 2 & -4 \\ -2 & 2 & 1 \\ -3 & 4 & -2 \end{vmatrix} \\ &= 1\times2\times(-2)+2\times1\times(-3)+(-4)\times(-2)\times4 \\ &\quad -(-4)\times2\times(-3)-2\times(-2)\times(-2)-1\times1\times4 \\ &= -14. \end{aligned}$$

同理

$$D_1=\begin{vmatrix}9&2&-4\\1&2&1\\7&4&-2\end{vmatrix}=-14,\quad D_2=\begin{vmatrix}1&9&-4\\-2&1&1\\-3&7&-2\end{vmatrix}=-28,$$

$$D_3=\begin{vmatrix}1&2&9\\-2&2&1\\-3&4&7\end{vmatrix}=14,$$

所以

$$x_1=\frac{D_1}{D}=1,\quad x_2=\frac{D_2}{D}=2,\quad x_3=\frac{D_3}{D}=-1.$$

**注 1.1**　对角线法则只适合于二阶与三阶行列式．

## 1.2　全排列及逆序数

1.1 节引进了二阶和三阶行列式的概念，得到了求解二元一次方程组及三元一次方程组的行列式解法，该方法使得方程组的求解公式化．那么对于一般的 $n$ 元线性方程组

$$\begin{cases}a_{11}x_1+a_{12}x_2+\cdots+a_{1n}x_n=b_1,\\a_{21}x_1+a_{22}x_2+\cdots+a_{2n}x_n=b_2,\\\quad\cdots\cdots\\a_{n1}x_1+a_{n2}x_2+\cdots+a_{nn}x_n=b_n.\end{cases}$$

能否类似地引入 $n$ 阶行列式的概念，是否可得 $n$ 元一次方程组的行列式一般解法呢？为此，先介绍全排列及逆序数的概念．

**定义 1.1**　将 $n$ 个不同的元素按某种顺序排成一列，称为这 $n$ 个元素的一个**全排列**（简称**排列**，也称 ***n* 级排列**）．

显然，当 $n>1$ 时，按不同的顺序，它们可以组成不同的排列，其排列的总数通常用 $P_n$ 表示．例如，三个元素 1，2，3 可以组成以下 6 种全排列：123，132，213，231，312，321，故 $P_3=6$. 从 1 开始的连续 $n$ 个正整数构成排列的总数为

$$P_n=n(n-1)\cdots3\cdot2\cdot1=n!\ .$$

在本章中所提到的排列中的各元素均为正整数，取 $n$ 个元素的一个全排列表示 $n$ 个元素 $1,2,\cdots,n$ 的一个 $n$ 级排列，记为 $a_1a_2\cdots a_n$.

对于 $n$ 个不同的正整数，规定从小到大的顺序为**标准次序**，从小到大的排列称为**标准排列**，其他的排列都或多或少地改变了标准次序．

例如，4213 是 1，2，3，4 的一个排列，显然，它改变了标准排列 1234.

**定义 1.2**　在一个 $n$ 级排列 $a_1a_2\cdots a_n$ 中，某两个元素 $a_i,a_j(i,j=1,2,\cdots,n)$，如果 $i<j$，而 $a_i>a_j$，则称数对 $a_i,a_j$ 构成该排列的一个**逆序**．在一个排列中，逆序

的总数称为这个排列的**逆序数**,记为 $\tau(a_1a_2\cdots a_n)$.

**例 1.3** 求排列 4213 的逆序数.

**解** 该排列中共有 4 与 2,4 与 1,4 与 3,2 与 1 这 4 个逆序,所以排列 4213 的逆序数是 4. 即 $\tau(4213)=4$.

给定排列 $a_1a_2\cdots a_n$,可以按照以下方法计算逆序数,设在第一个数 $a_1$ 后面比它小的数有 $t_1$ 个,在第二个数 $a_2$ 后面比它小的数有 $t_2$ 个,……,第 $n-1$ 个数 $a_{n-1}$ 后面比它小的数有 $t_{n-1}$ 个,则该排列的逆序数为

$$\tau(a_1a_2\cdots a_n)=t_1+t_2+\cdots+t_{n-1}.$$

例如,

$$\tau(32514)=5,\quad \tau(n(n-1)\cdots 321)=\frac{n(n-1)}{2}.$$

由逆序数定义 1.2 不难得出,标准排列的逆序数为零.

**定义 1.3** 设 $a_1a_2\cdots a_n$ 是一个 $n$ 级排列,若 $\tau(a_1a_2\cdots a_n)$ 是一个偶数,则称 $a_1a_2\cdots a_n$ 为**偶排列**;若 $\tau(a_1a_2\cdots a_n)$ 是一个奇数,则称 $a_1a_2\cdots a_n$ 为**奇排列**.

将一个排列中的某两个数码位置互换,而其余数码不动,则称为一次**对换**.

**定理 1.1** 一次对换改变排列的奇偶性.

**推论 1.1** 任何一个 $n$ 元排列都可以通过若干次对换变成标准排列,并且所需对换的次数与该排列的逆序数有着相同的奇偶性.

## 1.3 $n$ 阶行列式的定义

1.1 节给出了二阶和三阶行列式,即

$$\begin{vmatrix} a_{11} & a_{12} \\ a_{21} & a_{22} \end{vmatrix}=a_{11}a_{22}-a_{12}a_{21},$$

$$\begin{vmatrix} a_{11} & a_{12} & a_{13} \\ a_{21} & a_{22} & a_{23} \\ a_{31} & a_{32} & a_{33} \end{vmatrix}=a_{11}a_{22}a_{33}+a_{12}a_{23}a_{31}+a_{13}a_{21}a_{32} -a_{11}a_{23}a_{32}-a_{12}a_{21}a_{33}-a_{13}a_{22}a_{31},$$

则由二阶和三阶行列式容易看出有如下结果:

(1) 二阶行列式表示所有位于不同行、不同列的两个元素的乘积的代数和. 两个元素的乘积可以表示为

$$a_{1j_1}a_{2j_2},$$

其中 $j_1j_2$ 为 2 级排列. 当 $j_1j_2$ 取遍了 2 级排列 12,21 时,即得到二阶行列式的所有项(不包含符号),共为 $2!=2$ 项.

三阶行列式表示所有位于不同行、不同列的三个元素乘积的代数和,三个元素

的乘积可以表示为

$$a_{1j_1}a_{2j_2}a_{3j_3},$$

其中 $j_1j_2j_3$ 为 3 级排列．当 $j_1j_2j_3$ 取遍所有 3 级排列时，即得到三阶行列式的所有项(不包含符号)，共为 3！＝6 项．

(2) 每一项的符号如下：当这一项中元素的行列按标准排列后，如果对应的列标构成的排列的偶排列，则取正号．例如，三阶行列式中带正号的三项列标排列 123，231，312 都是偶排列，带负号的三项列标排列 132，213，321 都是奇排列．

综上所述，二阶行列式可写成

$$\begin{vmatrix} a_{11} & a_{12} \\ a_{21} & a_{22} \end{vmatrix} = \sum_{j_1j_2}(-1)^{\tau(j_1j_2)}a_{1j_1}a_{2j_2},$$

其中 $\sum\limits_{j_1j_2}$ 表示对 1，2 的所有排列求和．三阶行列式可写成

$$\begin{vmatrix} a_{11} & a_{12} & a_{13} \\ a_{21} & a_{22} & a_{23} \\ a_{31} & a_{32} & a_{33} \end{vmatrix} = \sum_{j_1j_2j_3}(-1)^{\tau(j_1j_2j_3)}a_{1j_1}a_{2j_2}a_{3j_3},$$

其中 $\sum\limits_{j_1j_2j_3}$ 表示对 1，2，3 的所有排列求和．

类似地，可给出 $n$ 阶行列式的定义．

**定义 1.4** 由 $n^2$ 个数 $a_{ij}(i,j=1,2,3,\cdots,n)$ 按一定的次序排成 $n$ 行 $n$ 列，并记为

$$\begin{vmatrix} a_{11} & a_{12} & \cdots & a_{1n} \\ a_{21} & a_{22} & \cdots & a_{2n} \\ \vdots & \vdots & & \vdots \\ a_{n1} & a_{n2} & \cdots & a_{nn} \end{vmatrix}, \tag{1.6}$$

称为 ***n* 阶行列式**，简记作 $\det(a_{ij})$．其中 $a_{ij}$ 称为行列式第 $i$ 行第 $j$ 列元素．

定义 $$\det(a_{ij}) = \sum_{j_1j_2\cdots j_n}(-1)^{\tau(j_1j_2\cdots j_n)}a_{1j_1}a_{2j_2}\cdots a_{nj_n}, \tag{1.7}$$

其中 $\sum\limits_{j_1j_2\cdots j_n}$ 表示对 $1,2,\cdots,n$ 的所有排列求和，故式(1.7)是 $n!$项的代数和．

例如，四阶行列式

$$\begin{vmatrix} a_{11} & a_{12} & a_{13} & a_{14} \\ a_{21} & a_{22} & a_{23} & a_{24} \\ a_{31} & a_{32} & a_{33} & a_{34} \\ a_{41} & a_{42} & a_{43} & a_{44} \end{vmatrix}$$

所表示的代数和中共有 4！＝24 项，其中含有一项 $a_{11}a_{23}a_{32}a_{44}$，而 $\tau(1324)=1$，则 $a_{11}a_{23}a_{32}a_{44}$ 前面应冠以负号．同时，也含有另一项 $a_{13}a_{24}a_{31}a_{42}$，而 $\tau(3412)=4$，则

$a_{13}a_{24}a_{31}a_{42}$前面应冠以正号．

**例 1.4** 计算四阶行列式

$$D=\begin{vmatrix} a & 0 & 0 & b \\ 0 & c & d & 0 \\ 0 & e & f & 0 \\ g & 0 & 0 & h \end{vmatrix}.$$

**解** 根据定义，$D$ 是 $4!=24$ 项的代数和．但是，由于 $D$ 中不少元素为零，所以 24 项中有不少的项为零．不为零的项只有 4 项：$acfh$，$bdeg$，$adeh$，$bcfg$，它们对应的列标排列依次为 1234，4321（偶排列），1324，4231（奇排列），因此

$$D=acfh+bdeg-adeh-bcfg.$$

**例 1.5** 计算行列式

$$D=\begin{vmatrix} a_{11} & 0 & 0 & \cdots & 0 \\ a_{21} & a_{22} & 0 & \cdots & 0 \\ a_{31} & a_{32} & a_{33} & \cdots & 0 \\ \vdots & \vdots & \vdots & & \vdots \\ a_{n1} & a_{n2} & a_{n3} & \cdots & a_{nn} \end{vmatrix}.$$

**解** 由于 $D$ 的第一行除了 $a_{11}$ 外，其他元素都是零，于是要得到非零项，第一行必须选 $a_{11}$，第二行不能选 $a_{21}$，因为第一列中只能选一个元素，所以在第二行中只能选非零元素 $a_{22}$，同理，第三行只能选 $a_{33}$，……，第 $n$ 行只能选 $a_{nn}$，这样，$D$ 不含零元素的只有一项 $a_{11}a_{22}\cdots a_{nn}$，又因为该项行标、列标都是按标准次序排列，前面的符号取正，所以

$$D=a_{11}a_{22}\cdots a_{nn}.$$

这样的行列式称为**下三角行列式**．

行列式中从左上角到右下角的对角线称为**主对角线**，从右上角到左下角的对角线称为**副对角线**．

类似可定义**上三角行列式**，即

$$\begin{vmatrix} a_{11} & a_{12} & a_{13} & \cdots & a_{1n} \\ 0 & a_{22} & a_{23} & \cdots & a_{2n} \\ 0 & 0 & a_{33} & \cdots & a_{3n} \\ \vdots & \vdots & \vdots & & \vdots \\ 0 & 0 & 0 & 0 & a_{nn} \end{vmatrix}=a_{11}a_{22}a_{33}\cdots a_{nn}.$$

**例 1.6** 证明如下对角行列式：

$$(1)\ D_1=\begin{vmatrix}\lambda_1 & 0 & \cdots & 0\\ 0 & \lambda_2 & \cdots & 0\\ \vdots & \vdots & & \vdots\\ 0 & 0 & \cdots & \lambda_n\end{vmatrix}=\lambda_1\lambda_2\cdots\lambda_n.$$

$$(2)\ D_2=\begin{vmatrix}0 & 0 & \cdots & 0 & \lambda_n\\ 0 & 0 & \cdots & \lambda_{n-1} & 0\\ \vdots & \vdots & \vdots & & \vdots\\ 0 & \lambda_2 & \cdots & 0 & 0\\ \lambda_1 & 0 & \cdots & 0 & 0\end{vmatrix}=(-1)^{\frac{n(n-1)}{2}}\lambda_1\lambda_2\cdots\lambda_{n-1}\lambda_n.$$

**证明**　(1) 因为 $D_1$ 是上三角行列式的特殊情况,故结果显然.

现证(2). 由于行列式 $D_2$ 不含零的项只有 $\lambda_n\lambda_{n-1}\cdots\lambda_2\lambda_1$,而该项行标已按标准次序排列,列标排列 $n(n-1)\cdots321$ 的逆序数为

$$\tau(n(n-1)\cdots321)=\frac{n(n-1)}{2},$$

所以

$$D_2=(-1)^{\frac{n(n-1)}{2}}\lambda_n\lambda_{n-1}\cdots\lambda_2\lambda_1=(-1)^{\frac{n(n-1)}{2}}\lambda_1\lambda_2\cdots\lambda_{n-1}\lambda_n.$$

## 1.4　行列式的性质

上节讲了行列式的定义,直接用行列式的定义计算行列式,一般来说是较烦琐的,因此必须对行列式作进一步的研究,找出切实可行的计算方法. 本节我们介绍行列式的性质.

若 $D=\begin{vmatrix}a_{11} & a_{12} & \cdots & a_{1n}\\ a_{21} & a_{22} & \cdots & a_{2n}\\ \vdots & \vdots & & \vdots\\ a_{n1} & a_{n2} & \cdots & a_{nn}\end{vmatrix}$,称 $\begin{vmatrix}a_{11} & a_{21} & \cdots & a_{n1}\\ a_{12} & a_{22} & \cdots & a_{n2}\\ \vdots & \vdots & & \vdots\\ a_{1n} & a_{2n} & \cdots & a_{nn}\end{vmatrix}$ 为 $D$ 的转置行列式,记为 $D^{\mathrm{T}}$.

行列式具有如下性质:

**性质 1.1**　行列式与它的转置行列式相等,即 $D=D^{\mathrm{T}}$.

**证明**　分别用 $a_{ij}$ 与 $a'_{ij}$表示 $D$ 与 $D^{\mathrm{T}}$中第 $i$ 行第 $j$ 列处的元. 则有 $a'_{ij}=a_{ji}\,(i,j=1,2,\cdots,n)$,于是有 $D^{\mathrm{T}}=\sum\limits_{k_1k_2\cdots k_n}(-1)^{\tau(k_1k_2\cdots k_n)}a'_{1k_1}a'_{2k_2}\cdots a'_{nk_n}=\sum\limits_{k_1k_2\cdots k_n}(-1)^{\tau(k_1k_2\cdots k_n)}a_{k_11}a_{k_22}\cdots a_{k_nn}=D$.

此性质说明了行列式中,行、列地位的对称性,行列式中行所具有的性质对列

也同样成立．

**性质 1.2** 互换行列式的两行(列)，行列式变号，

即 $$B=\begin{vmatrix} a_{11} & a_{12} & \cdots & a_{1n} \\ \vdots & \vdots & & \vdots \\ a_{t1} & a_{t2} & \cdots & a_{tn} \\ \vdots & \vdots & & \vdots \\ a_{s1} & a_{s2} & \cdots & a_{sn} \\ \vdots & \vdots & & \vdots \\ a_{n1} & a_{n2} & \cdots & a_{nn} \end{vmatrix}=-D=-\begin{vmatrix} a_{11} & a_{12} & \cdots & a_{1n} \\ a_{21} & a_{22} & \cdots & a_{2n} \\ \vdots & \vdots & & \vdots \\ a_{n1} & a_{n2} & \cdots & a_{nn} \end{vmatrix}.$$

**证明** 考查一般项 $a_{1j_1}\cdots a_{tj_t}\cdots a_{sj_s}\cdots a_{nj_n}$ 的符号．在行列式 $B$ 中的符号是 $(-1)^{\tau(j_1\cdots j_t\cdots j_s\cdots j_n)}$，在行列式 $D$ 中的符号是 $(-1)^{\tau(j_1\cdots j_s\cdots j_t\cdots j_n)}$．两者符号相反．并且 $B$ 与 $D$ 的项完全相同．

**推论 1.2** 若行列式 $D$ 中有两行(列)对应元素相同，则行列式为零．

这是因为互换 $D$ 中相同的两行，由性质 2 知 $D=-D$，于是 $D=0$.

**性质 1.3** 用 $k$ 乘行列式 $D$ 中的某一行(列)，等于以数 $k$ 乘此行列式．即

$$\begin{vmatrix} a_{11} & a_{12} & \cdots & a_{1n} \\ \vdots & \vdots & & \vdots \\ ka_{i1} & ka_{i2} & \cdots & ka_{in} \\ \vdots & \vdots & & \vdots \\ a_{n1} & a_{n2} & \cdots & a_{nn} \end{vmatrix}=k\begin{vmatrix} a_{11} & a_{12} & \cdots & a_{1n} \\ \vdots & \vdots & & \vdots \\ a_{i1} & a_{i2} & \cdots & a_{in} \\ \vdots & \vdots & & \vdots \\ a_{n1} & a_{n2} & \cdots & a_{nn} \end{vmatrix}.$$

**推论 1.3** 如果行列式 $D$ 中某行(列)的所有元素有公因式，则公因式可以提到行列式前面．

**推论 1.4** 如果行列式 $D$ 中有两行(列)的对应元素成比例，则 $D=0$.

**推论 1.5** 如果行列式 $D$ 中某行(列)的所有元素全为零，则 $D=0$.

**性质 1.4** 如果行列式 $D$ 中的某一行(列)的元素都是两数之和(设第 $i$ 行元素都是两数之和)，即若

$$D=\begin{vmatrix} a_{11} & a_{12} & \cdots & a_{1n} \\ \vdots & \vdots & & \vdots \\ a_{i1}+b_{i1} & a_{i2}+b_{i2} & \cdots & a_{in}+b_{in} \\ \vdots & \vdots & & \vdots \\ a_{n1} & a_{n2} & \cdots & a_{nn} \end{vmatrix},$$

则 $D$ 等于下列两个行列式之和：

$$D=\begin{vmatrix} a_{11} & a_{12} & \cdots & a_{1n} \\ \vdots & \vdots & & \vdots \\ a_{i1} & a_{i2} & \cdots & a_{in} \\ \vdots & \vdots & & \vdots \\ a_{n1} & a_{n2} & \cdots & a_{nn} \end{vmatrix}+\begin{vmatrix} a_{11} & a_{12} & \cdots & a_{1n} \\ \vdots & \vdots & & \vdots \\ b_{i1} & b_{i2} & \cdots & b_{in} \\ \vdots & \vdots & & \vdots \\ a_{n1} & a_{n2} & \cdots & a_{nn} \end{vmatrix}.$$

**性质 1.5** 将行列式某一行(列)的所有元素同乘以数 $k$ 后加到另一行(列)对应位置的元素上,行列式的值不变．即

$$\begin{vmatrix} a_{11} & a_{12} & \cdots & a_{1n} \\ \vdots & \vdots & & \vdots \\ a_{i1}+ka_{j1} & a_{i2}+ka_{j2} & \cdots & a_{in}+ka_{jn} \\ \vdots & \vdots & & \vdots \\ a_{j1} & a_{j2} & \cdots & a_{jn} \\ \vdots & \vdots & & \vdots \\ a_{n1} & a_{n2} & \cdots & a_{nn} \end{vmatrix}=\begin{vmatrix} a_{11} & a_{12} & \cdots & a_{1n} \\ \vdots & \vdots & & \vdots \\ a_{i1} & a_{i2} & \cdots & a_{in} \\ \vdots & \vdots & & \vdots \\ a_{j1} & a_{j2} & \cdots & a_{jn} \\ \vdots & \vdots & & \vdots \\ a_{n1} & a_{n2} & \cdots & a_{nn} \end{vmatrix}.$$

上面我们给出了行列式的一些基本性质,这些性质在计算和理论上都很重要．下面我们举例说明适当应用行列式的性质,可以简化行列式的计算．

以 $r_i$ 表示行列式的第 $i$ 行,以 $c_i$ 表示行列式的第 $i$ 列,交换 $i,j$ 两行记作 $r_i\leftrightarrow r_j$;第 $i$ 行乘以数 $k$ 记作 $kr_i$ 或 $r_i\times k$;第 $i$ 行提出因子 $k$ 记作 $r_i\div k$;以数 $k$ 乘第 $j$ 行加到第 $i$ 行记作 $r_i+kr_j$,对列也有类似记号,此时将 $r$ 换成 $c$.

**例 1.7** 计算行列式

$$D=\begin{vmatrix} 1 & 1 & 1 & 1 \\ 1 & 2 & 3 & 2 \\ 2 & 3 & 1 & 2 \\ 3 & 1 & 2 & 2 \end{vmatrix}.$$

**解** 根据行列式的性质 1.5 和推论 1.4,

$$D\xlongequal{r_2+r_3+r_4}\begin{vmatrix} 1 & 1 & 1 & 1 \\ 6 & 6 & 6 & 6 \\ 2 & 3 & 1 & 2 \\ 3 & 1 & 2 & 2 \end{vmatrix}=0.$$

**例 1.8** 计算行列式

$$D=\begin{vmatrix} 1 & 1 & -1 & 3 \\ -1 & -1 & 2 & 1 \\ 2 & 5 & 2 & 4 \\ 1 & 2 & 3 & 2 \end{vmatrix}.$$

**解**

$$D\xlongequal[\substack{r_3-2r_1\\ r_4-r_1}]{r_2+r_1}\begin{vmatrix}1&1&-1&3\\0&0&1&4\\0&3&4&-2\\0&1&4&-1\end{vmatrix}\xlongequal{r_2\leftrightarrow r_4}-\begin{vmatrix}1&1&-1&3\\0&1&4&-1\\0&3&4&-2\\0&0&1&4\end{vmatrix}$$

$$\xlongequal{r_3-3r_2}-\begin{vmatrix}1&1&-1&3\\0&1&4&-1\\0&0&-8&1\\0&0&1&4\end{vmatrix}\xlongequal{r_3\leftrightarrow r_4}\begin{vmatrix}1&1&-1&3\\0&1&4&-1\\0&0&1&4\\0&0&-8&1\end{vmatrix}$$

$$\xlongequal{r_4+8r_3}\begin{vmatrix}1&1&-1&3\\0&1&4&-1\\0&0&1&4\\0&0&0&33\end{vmatrix}=33.$$

**例 1.9** 计算 $n$ 阶行列式

$$D=\begin{vmatrix}a&b&b&\cdots&b\\b&a&b&\cdots&b\\b&b&a&\cdots&b\\\vdots&\vdots&\vdots&&\vdots\\b&b&b&\cdots&a\end{vmatrix}.$$

**解** 这个行列式的各行(或各列)元素的和都是相同的,均为 $a+(n-1)b$,因此,逐次将第 $i(i=2,3,\cdots,n)$ 列都加到第 1 列上得

$$D\xlongequal{c_1+\sum_{i=2}^{n}c_i}\begin{vmatrix}a+(n-1)b&b&b&\cdots&b\\a+(n-1)b&a&b&\cdots&b\\a+(n-1)b&b&a&\cdots&b\\\vdots&\vdots&\vdots&&\vdots\\a+(n-1)b&b&b&\cdots&a\end{vmatrix}$$

$$\xlongequal{c_i\div[a+(n-1)b]}[a+(n-1)b]\begin{vmatrix}1&b&b&\cdots&b\\1&a&b&\cdots&b\\1&b&a&\cdots&b\\\vdots&\vdots&\vdots&&\vdots\\1&b&b&\cdots&a\end{vmatrix}$$

$$\xlongequal{r_i-r_1(i=2,3,\cdots,n)}[a+(n-1)b]\begin{vmatrix}1&b&b&\cdots&b\\0&a-b&0&\cdots&0\\0&0&a-b&\cdots&0\\\vdots&\vdots&\vdots&&\vdots\\0&0&0&\cdots&a-b\end{vmatrix}$$

$$=[a+(n-1)b](a-b)^{n-1}.$$

**例 1.10**　证明

$$\begin{vmatrix}a+b&b+c&c+a\\a_1+b_1&b_1+c_1&c_1+a_1\\a_2+b_2&b_2+c_2&c_2+a_2\end{vmatrix}=2\begin{vmatrix}a&b&c\\a_1&b_1&c_1\\a_2&b_2&c_2\end{vmatrix}.$$

**证明**

$$\text{左端}\xlongequal{\text{性质 4}}\begin{vmatrix}a&b+c&c+a\\a_1&b_1+c_1&c_1+a_1\\a_2&b_2+c_2&c_2+a_2\end{vmatrix}+\begin{vmatrix}b&b+c&c+a\\b_1&b_1+c_1&c_1+a_1\\b_2&b_2+c_2&c_2+a_2\end{vmatrix}$$

$$\xlongequal[\text{第二个 } c_2-c_1]{\text{第一个 } c_3-c_1}\begin{vmatrix}a&b+c&c\\a_1&b_1+c_1&c_1\\a_2&b_2+c_2&c_2\end{vmatrix}+\begin{vmatrix}b&c&c+a\\b_1&c_1&c_1+a_1\\b_2&c_2&c_2+a_2\end{vmatrix}$$

$$\xlongequal[\text{第二个 } c_3-c_2]{\text{第一个 } c_2-c_3}\begin{vmatrix}a&b&c\\a_1&b_1&c_1\\a_2&b_2&c_2\end{vmatrix}+\begin{vmatrix}b&c&a\\b_1&c_1&a_1\\b_2&c_2&a_2\end{vmatrix}$$

$$=\!=\!=\begin{vmatrix}a&b&c\\a_1&b_1&c_1\\a_2&b_2&c_2\end{vmatrix}+\begin{vmatrix}a&b&c\\a_1&b_1&c_1\\a_2&b_2&c_2\end{vmatrix}$$

$$=2\begin{vmatrix}a&b&c\\a_1&b_1&c_1\\a_2&b_2&c_2\end{vmatrix}.$$

**例 1.11**　证明

$$D=\begin{vmatrix}a_0&b_1&b_2&\cdots&b_n\\c_1&a_1&0&\cdots&0\\c_2&0&a_2&\cdots&0\\\vdots&\vdots&\vdots&&0\\c_n&0&0&\cdots&a_n\end{vmatrix}=\left(a_0-\sum_{i=1}^{n}\frac{b_ic_i}{a_i}\right)\prod_{i=1}^{n}a_i\qquad(a_1a_2\cdots a_n\neq 0).$$

**证明**　将 $D$ 中第 $i+1$ 列乘以 $-\dfrac{c_i}{a_i}(i=1,2,\cdots,n)$ 加到第 1 列上得

$$D=\begin{vmatrix} a_0-\sum\limits_{i=1}^{n}\dfrac{b_ic_i}{a_i} & b_1 & b_2 & \cdots & b_n \\ 0 & a_1 & 0 & \cdots & 0 \\ 0 & 0 & a_2 & \cdots & 0 \\ \vdots & \vdots & \vdots & & \vdots \\ 0 & 0 & 0 & \cdots & a_n \end{vmatrix}=\left(a_0-\sum_{i=1}^{n}\frac{b_ic_i}{a_i}\right)a_1a_2\cdots a_n$$

$$=\left(a_0-\sum_{i=1}^{n}\frac{b_ic_i}{a_i}\right)\prod_{i=1}^{n}a_i .$$

## 1.5 行列式按行列展开法则

已经知道,低阶行列式比高阶行列式容易计算,那么能否将一个阶数较高的行列式化为阶数较低的行列式来计算呢？为此,先引入下列定义：

**定义 1.5** 在 $n$ 阶行列式 $D=\det(a_{ij})$ 中去掉元素 $a_{ij}$ 所在的第 $i$ 行和第 $j$ 列后,余下的 $n-1$ 阶行列式称为 $D$ 中元素 $a_{ij}$ 的**余子式**,记为 $M_{ij}$,即

$$M_{ij}=\begin{vmatrix} a_{11} & \cdots & a_{1,j-1} & a_{1,j+1} & \cdots & a_{1n} \\ \vdots & & \vdots & \vdots & & \vdots \\ a_{i-1,1} & \cdots & a_{i-1,j-1} & a_{i-1,j+1} & \cdots & a_{i-1,n} \\ a_{i+1,1} & \cdots & a_{i+1,j-1} & a_{i+1,j+1} & \cdots & a_{i+1,n} \\ \vdots & & \vdots & \vdots & & \vdots \\ a_{n1} & \cdots & a_{n,j-1} & a_{n,j+1} & \cdots & a_{nn} \end{vmatrix}.$$

**定义 1.6** $n$ 阶行列式 $D$ 中元素 $a_{ij}$ 的余子式 $M_{ij}$ 前面添加符号 $(-1)^{i+j}$ 后,称为 $a_{ij}$ 的**代数余子式**,记为 $A_{ij}$,即

$$A_{ij}=(-1)^{i+j}M_{ij}.$$

例如,四阶行列式

$$D=\begin{vmatrix} a_{11} & a_{12} & a_{13} & a_{14} \\ a_{21} & a_{22} & a_{23} & a_{24} \\ a_{31} & a_{32} & a_{33} & a_{34} \\ a_{41} & a_{42} & a_{43} & a_{44} \end{vmatrix}$$

中,$a_{23}$ 的代数余子式是

$$A_{23}=(-1)^{2+3}M_{23}=-\begin{vmatrix} a_{11} & a_{12} & a_{14} \\ a_{31} & a_{32} & a_{34} \\ a_{41} & a_{42} & a_{44} \end{vmatrix},$$

$a_{31}$ 的代数余子式是

$$A_{31}=(-1)^{3+1}M_{31}=\begin{vmatrix} a_{12} & a_{13} & a_{14} \\ a_{22} & a_{23} & a_{24} \\ a_{42} & a_{43} & a_{44} \end{vmatrix}.$$

对于三阶行列式有

$$\begin{aligned} D=&\begin{vmatrix} a_{11} & a_{12} & a_{13} \\ a_{21} & a_{22} & a_{23} \\ a_{31} & a_{32} & a_{33} \end{vmatrix} \\ =&a_{11}a_{22}a_{33}+a_{12}a_{23}a_{31}+a_{13}a_{21}a_{32}-a_{11}a_{23}a_{32}-a_{12}a_{21}a_{33}-a_{13}a_{22}a_{31}. \end{aligned}$$

右端整理得

$$\begin{aligned} D&=-a_{21}(a_{12}a_{33}-a_{13}a_{32})+a_{22}(a_{11}a_{33}-a_{13}a_{31})-a_{23}(a_{11}a_{32}-a_{12}a_{31}) \\ &=a_{21}(-1)^{2+1}\begin{vmatrix} a_{12} & a_{13} \\ a_{32} & a_{33} \end{vmatrix}+a_{22}(-1)^{2+2}\begin{vmatrix} a_{11} & a_{13} \\ a_{31} & a_{33} \end{vmatrix}+a_{23}(-1)^{2+3}\begin{vmatrix} a_{11} & a_{12} \\ a_{31} & a_{32} \end{vmatrix} \\ &=a_{21}A_{21}+a_{22}A_{22}+a_{23}A_{23} \qquad (1.8) \end{aligned}$$

或

$$\begin{aligned} D&=a_{11}(a_{22}a_{33}-a_{23}a_{32})-a_{21}(a_{12}a_{33}-a_{13}a_{32})+a_{31}(a_{12}a_{23}-a_{13}a_{22}) \\ &=a_{11}(-1)^{1+1}\begin{vmatrix} a_{22} & a_{23} \\ a_{32} & a_{33} \end{vmatrix}+a_{21}(-1)^{2+1}\begin{vmatrix} a_{12} & a_{13} \\ a_{32} & a_{33} \end{vmatrix}+a_{31}(-1)^{3+1}\begin{vmatrix} a_{12} & a_{13} \\ a_{22} & a_{23} \end{vmatrix} \\ &=a_{11}A_{11}+a_{21}A_{21}+a_{31}A_{31} \qquad (1.9) \end{aligned}$$

由式(1.8)可以看出，三阶行列式等于它的第二行各元素与其对应的代数余子式的乘积之和．同样，由式(1.9)可以看出，三阶行列式也等于它的第一列各元素与其对应的代数余子式的乘积之和．可以验证，该结论对其他行或列也成立．对于 $n$ 阶行列式有同样的结论，这就是下面的定理．

**定理 1.2** $n$ 阶行列式

$$D=\begin{vmatrix} a_{11} & a_{12} & \cdots & a_{1n} \\ a_{21} & a_{22} & \cdots & a_{2n} \\ \vdots & \vdots & & \vdots \\ a_{n1} & a_{n2} & \cdots & a_{nn} \end{vmatrix}$$

等于它的任一行(列)的各元素与其对应的代数余子式的乘积之和，即

$$D=\sum_{k=1}^{n}a_{ik}A_{ik}=a_{i1}A_{i1}+a_{i2}A_{i2}+\cdots+a_{in}A_{in},i=1,2,\cdots,n \qquad (1.10)$$

或

$$D=\sum_{k=1}^{n}a_{kj}A_{kj}=a_{1j}A_{1j}+a_{2j}A_{2j}+\cdots+a_{nj}A_{nj},j=1,2,\cdots,n. \qquad (1.11)$$

式(1.10)称为**行列式按行展开法则**；式(1.11)称为**行列式按列展开法则**(证明略).

**例 1.12** 分别按第 1 行与第 2 行展开行列式

$$D=\begin{vmatrix}1&0&-2\\1&1&3\\-2&3&1\end{vmatrix}.$$

**解** (1) 按第1行展开如下：

$$D=1\times(-1)^{1+1}\begin{vmatrix}1&3\\3&1\end{vmatrix}+0\times(-1)^{1+2}\begin{vmatrix}1&3\\-2&1\end{vmatrix}+(-2)\times(-1)^{1+3}\begin{vmatrix}1&1\\-2&3\end{vmatrix}$$

$$=1\times(-8)+0+(-2)\times5=-18.$$

(2) 按第2行展开如下：

$$D=1\times(-1)^{2+1}\begin{vmatrix}0&-2\\3&1\end{vmatrix}+1\times(-1)^{2+2}\begin{vmatrix}1&-2\\-2&1\end{vmatrix}+3\times(-1)^{2+3}\begin{vmatrix}1&0\\-2&3\end{vmatrix}$$

$$=1\times(-6)+1\times(-3)+3\times(-3)=-18.$$

**例 1.13** 写出下面四阶行列式按第3列的展开式，并计算该行列式的值，其中

$$D=\begin{vmatrix}6&5&0&1\\0&-1&2&0\\8&3&0&4\\0&-2&0&-3\end{vmatrix}.$$

**解** $D$ 按第三列展开为

$$D=0\cdot A_{13}+2A_{23}+0\cdot A_{33}+0\cdot A_{43}$$

$$=2\times(-1)^{2+3}\begin{vmatrix}6&5&1\\8&3&4\\0&-2&-3\end{vmatrix}=2\times(-98)=-196.$$

在例1.13中，计算该行列式可以用某行或者某列展开，比较而言，按第3列展开计算量最小，这是因为第3列只有一个非零元素，因此，计算四阶行列式时可转化为只计算一个三阶行列式就可求得该四阶行列式的值，一般来说，利用式(1.10)或式(1.11)计算 $n$ 阶行列式时，某行(列)含有较多的元素“0”才有真正的计算意义，因此，可以先利用行列式的性质，使某行(列)变成只有一两个非零元素，然后再按行(列)展开.

**例 1.14** 计算 $n$ 阶行列式

$$D_n=\begin{vmatrix}x&y&0&\cdots&0&0\\0&x&y&\cdots&0&0\\0&0&x&\cdots&0&0\\\vdots&\vdots&\vdots&&\vdots&\vdots\\0&0&0&\cdots&0&y\\y&0&0&\cdots&0&x\end{vmatrix}.$$

**解**　将行列式按第1列展开如下：

$$D_n = x\cdot(-1)^{1+1}\begin{vmatrix} x & y & \cdots & 0 & 0 \\ 0 & x & \cdots & 0 & 0 \\ \vdots & \vdots & & \vdots & \vdots \\ 0 & 0 & \cdots & x & y \\ 0 & 0 & \cdots & 0 & x \end{vmatrix}_{(n-1)} + y\cdot(-1)^{n+1}\begin{vmatrix} y & 0 & \cdots & 0 & 0 \\ x & y & \cdots & 0 & 0 \\ \vdots & \vdots & & \vdots & \vdots \\ 0 & 0 & \cdots & y & 0 \\ 0 & 0 & \cdots & x & y \end{vmatrix}_{(n-1)}$$

$$= x^n + (-1)^{n+1}y^n.$$

**例 1.15**　计算 $n$ 阶行列式

$$D_n = \begin{vmatrix} 1 & 2 & 2 & \cdots & 2 \\ 2 & 2 & 2 & \cdots & 2 \\ 2 & 2 & 3 & \cdots & 2 \\ \vdots & \vdots & \vdots & & \vdots \\ 2 & 2 & 2 & \cdots & n \end{vmatrix}.$$

**解**　$$D_n \xlongequal{r_i - r_2(i=1,3,\cdots,n)} \begin{vmatrix} -1 & 0 & 0 & \cdots & 0 \\ 2 & 2 & 2 & \cdots & 2 \\ 0 & 0 & 1 & \cdots & 0 \\ \vdots & \vdots & \vdots & & \vdots \\ 0 & 0 & 0 & \cdots & n-2 \end{vmatrix}$$

$$\xlongequal{\text{按第1行展开}} (-1)\times(-1)^{1+1}\begin{vmatrix} 2 & 2 & \cdots & 2 \\ 0 & 1 & \cdots & 0 \\ \vdots & \vdots & & \vdots \\ 0 & 0 & \cdots & n-2 \end{vmatrix}_{(n-1)} = -2(n-2)!.$$

**例 1.16**　证明范德蒙德(VanDermonDe)行列式

$$D_n = \begin{vmatrix} 1 & 1 & 1 & \cdots & 1 \\ a_1 & a_2 & a_3 & \cdots & a_n \\ a_1^2 & a_2^2 & a_3^2 & \cdots & a_n^2 \\ \vdots & \vdots & \vdots & & \vdots \\ a_1^{n-1} & a_2^{n-1} & a_3^{n-1} & \cdots & a_n^{n-1} \end{vmatrix} = \prod_{n\geqslant i>j\geqslant 1}(a_i - a_j) \qquad (n\geqslant 2),$$

其中 $\prod$ 为连乘号，$\prod\limits_{n\geqslant i>j\geqslant 1}(a_i - a_j)$ 表示 $a_1,a_2,\cdots,a_n$ 这 $n$ 个数的所有可能的 $a_i - a_j(i>j)$ 的乘积．

**证明**　用数学归纳法证明，当 $n=2$ 时，

$$\begin{vmatrix} 1 & 1 \\ a_1 & a_2 \end{vmatrix} = a_2 - a_1.$$

假设对于 $n-1$ 阶范德蒙德行列式结论成立，则对 $n$ 阶范德蒙德行列式，从第 $n$ 行开始，逐行减去上面相邻行的 $a_1$ 倍得

$$D=\begin{vmatrix} 1 & 1 & 1 & \cdots & 1 \\ 0 & a_2-a_1 & a_3-a_1 & \cdots & a_n-a_1 \\ 0 & a_2(a_2-a_1) & a_3(a_3-a_1) & \cdots & a_n(a_n-a_1) \\ 0 & a_2^2(a_2-a_1) & a_3^2(a_3-a_1) & \cdots & a_n^2(a_n-a_1) \\ \vdots & \vdots & \vdots & & \vdots \\ 0 & a_2^{n-2}(a_2-a_1) & a_3^{n-2}(a_3-a_1) & \cdots & a_n^{n-2}(a_n-a_1) \end{vmatrix}.$$

按第 1 列展开，并提出每一列元素的公因式就有

$$D=(a_2-a_1)(a_3-a_1)\cdots(a_n-a_1)\begin{vmatrix} 1 & 1 & \cdots & 1 \\ a_2 & a_3 & \cdots & a_n \\ a_2^2 & a_3^2 & \cdots & a_n^2 \\ \vdots & \vdots & & \vdots \\ a_2^{n-2} & a_3^{n-2} & \cdots & a_n^{n-2} \end{vmatrix}.$$

右边的行列式是一个 $n-1$ 阶的范德蒙德行列式．由归纳法假设知，它等于 $\prod\limits_{n\geqslant i>j\geqslant 2}(a_i-a_j)$，代入上式，即得

$$D=(a_2-a_1)(a_3-a_1)\cdots(a_n-a_1)\prod_{n\geqslant i>j\geqslant 2}(a_i-a_j)=\prod_{n\geqslant i>j\geqslant 1}(a_i-a_j).$$

**注 1.2** 例 1.16 说明用数学归纳法，有时也可计算或证明 $n$ 阶行列式．

定理 1.2 说明，$n$ 阶行列式等于它的任一行(列)的各元素与其对应的代数余子式的乘积之和，那么一个 $n$ 阶行列式中任意一行(列)的元素与另一行(列)对应元素的代数余子式的乘积之和又怎么样？在例 1.12 中，第 2 行三个元素的代数余子式分别为

$$A_{21}=-6,\quad A_{22}=-3,\quad A_{23}=-3.$$

用第 1 行三个元素 $a_{11}=1, a_{12}=0, a_{13}=-2$ 或第 3 行三个元素 $a_{31}=-2, a_{32}=3, a_{33}=1$，分别与第 2 行三个元素代数余子式作对应乘积的和为

$$a_{11}A_{21}+a_{12}A_{22}+a_{13}A_{23}=1\times(-6)+0\times(-3)+(-2)\times(-3)=0$$

或

$$a_{31}A_{21}+a_{32}A_{22}+a_{33}A_{23}=(-2)\times(-6)+3\times(-3)+1\times(-3)=0,$$

其结果均为零，同样用第 1 行、第 2 行各元素与第 3 行对应元素的代数余子式的乘积之和也等于零，对列也有类似的结论，一般地，有下面的定理．

**定理 1.3** $n$ 阶行列式

$$D=\begin{vmatrix} a_{11} & \cdots & a_{1i} & \cdots & a_{1k} & \cdots & a_{1n} \\ \vdots & & \vdots & & \vdots & & \vdots \\ a_{i1} & \cdots & a_{ii} & \cdots & a_{ik} & \cdots & a_{in} \\ \vdots & & \vdots & & \vdots & & \vdots \\ a_{j1} & \cdots & a_{ji} & \cdots & a_{jk} & \cdots & a_{jn} \\ \vdots & & \vdots & & \vdots & & \vdots \\ a_{n1} & \cdots & a_{ni} & \cdots & a_{nk} & \cdots & a_{nn} \end{vmatrix}$$

中任意一行(列)的元素与另一行(列)对应元素的代数余子式的乘积之和等于零，即

$$a_{j1}A_{i1}+a_{j2}A_{i2}+\cdots+a_{jn}A_{in}=0, j\neq i. \tag{1.12}$$

或

$$a_{1k}A_{1i}+a_{2k}A_{2i}+\cdots+a_{nk}A_{ni}=0, k\neq i. \tag{1.13}$$

**证明** 根据定理 1.2

$$a_{j1}A_{i1}+a_{j2}A_{i2}+\cdots+a_{jn}A_{in}\overset{j\neq i}{=}\begin{vmatrix} a_{11} & \cdots & a_{1i} & \cdots & a_{1k} & \cdots & a_{1n} \\ \vdots & & \vdots & & \vdots & & \vdots \\ a_{j1} & \cdots & a_{ji} & \cdots & a_{jk} & \cdots & a_{jn} \\ \vdots & & \vdots & & \vdots & & \vdots \\ a_{j1} & \cdots & a_{ji} & \cdots & a_{jk} & \cdots & a_{jn} \\ \vdots & & \vdots & & \vdots & & \vdots \\ a_{n1} & \cdots & a_{ni} & \cdots & a_{nk} & \cdots & a_{nn} \end{vmatrix}\begin{matrix}\to \boxed{\text{第 } i \text{ 行}} \\ \\ \\ \\ \\ \\ \\ \end{matrix}\xlongequal{\text{由推论 1.4}} 0.$$

因此，有如下公式：

$$\sum_{k=1}^{n} a_{jk}A_{ik} = a_{j1}A_{i1}+a_{j2}A_{i2}+\cdots+a_{jn}A_{in}=\begin{cases} D, & j=i, \\ 0, & j\neq i \end{cases}$$

或

$$\sum_{k=1}^{n} a_{kj}A_{ki} = a_{1j}A_{1i}+a_{2j}A_{2i}+\cdots+a_{nj}A_{ni}=\begin{cases} D, & j=i, \\ 0, & j\neq i. \end{cases}$$

## 1.6 克拉默法则

本节讨论方程个数与未知量个数相等的线性方程组解的问题．与二元、三元线性方法类似的有下述结论：

**定理 1.4**(克拉默法则) 如果线性方程组

$$\begin{cases} a_{11}x_1+a_{12}x_2+\cdots+a_{1n}x_n=b_1, \\ a_{21}x_1+a_{22}x_2+\cdots+a_{2n}x_n=b_2, \\ \cdots\cdots \\ a_{n1}x_1+a_{n2}x_2+\cdots+a_{nn}x_n=b_n \end{cases} \tag{1.14}$$

的系数行列式

$$D=\begin{vmatrix} a_{11} & a_{12} & \cdots & a_{1n} \\ a_{21} & a_{22} & \cdots & a_{2n} \\ \vdots & \vdots & & \vdots \\ a_{n1} & a_{n2} & \cdots & a_{nn} \end{vmatrix} \neq 0,$$

则线性方程组(1.14)有解,并且解是唯一的,其解为

$$x_1=\frac{D_1}{D},\quad x_2=\frac{D_2}{D},\quad \cdots,\quad x_n=\frac{D_n}{D}, \tag{1.15}$$

其中 $D_j(j=1,2,\cdots,n)$ 为将 $D$ 中的第 $j$ 列元素 $a_{1j},a_{2j},\cdots,a_{nj}$ 换成常数项 $b_1,b_2,\cdots,b_n$,而其余各列保持不变所得的行列式,即

$$D_j=\begin{vmatrix} a_{11} & \cdots & a_{1,j-1} & b_1 & a_{1,j+1} & \cdots & a_{1n} \\ a_{21} & \cdots & a_{2,j-1} & b_2 & a_{2,j+1} & \cdots & a_{2n} \\ \vdots & & \vdots & \vdots & \vdots & & \vdots \\ a_{n1} & \cdots & a_{n,j-1} & b_n & a_{n,j+1} & \cdots & a_{nn} \end{vmatrix}.$$

**例 1.17** 解线性方程组

$$\begin{cases} x_1-x_2+x_3-2x_4=2, \\ 2x_1-x_3+4x_4=4, \\ 3x_1+2x_2+x_3=-1, \\ -x_1+2x_2-x_3+2x_4=-4 \end{cases}$$

**解** 计算行列式如下:

$$D=\begin{vmatrix} 1 & -1 & 1 & -2 \\ 2 & 0 & -1 & 4 \\ 3 & 2 & 1 & 0 \\ -1 & 2 & -1 & 2 \end{vmatrix}=-2\neq 0,$$

$$D_1=\begin{vmatrix} 2 & -1 & 1 & -2 \\ 4 & 0 & -1 & 4 \\ -1 & 2 & 1 & 0 \\ -4 & 2 & -1 & 2 \end{vmatrix}=-2,\quad D_2=\begin{vmatrix} 1 & 2 & 1 & -2 \\ 2 & 4 & -1 & 4 \\ 3 & -1 & 1 & 0 \\ -1 & -4 & -1 & 2 \end{vmatrix}=4,$$

$$D_3=\begin{vmatrix}1 & -1 & 2 & -2\\ 2 & 0 & 4 & 4\\ 3 & 2 & -1 & 0\\ -1 & 2 & -4 & 2\end{vmatrix}=0,\quad D_4=\begin{vmatrix}1 & -1 & 1 & 2\\ 2 & 0 & -1 & 4\\ 3 & 2 & 1 & -1\\ -1 & 2 & -1 & -4\end{vmatrix}=-1,$$

所以

$$x_1=\frac{D_1}{D}=1,\quad x_2=\frac{D_2}{D}=-2,\quad x_3=\frac{D_3}{D}=0,\quad x_4=\frac{D_4}{D}=\frac{1}{2}$$

是所给方程组的解.

需要强调的是,线性方程组只有当系数行列式不等于零时,才能应用克拉默法则求解. 这个公式简单明了,便于记忆,在理论上与实践中都具有重要的意义.

如果线性方程组(1.14)的常数项均为零,即

$$\begin{cases}a_{11}x_1+a_{12}x_2+\cdots+a_{1n}x_n=0,\\ a_{21}x_1+a_{22}x_2+\cdots+a_{2n}x_n=0,\\ \quad\cdots\cdots\\ a_{n1}x_1+a_{n2}x_2+\cdots+a_{nn}x_n=0,\end{cases}\tag{1.16}$$

称式(1.16)为**齐次线性方程组**.

显然,齐次线性方程组(1.16)一定有零解 $x_j=0(j=1,2,\cdots,n)$,对于齐次线性方程组,除零解外是否还有非零解,可由以下定理判定:

**定理 1.5**　齐次线性方程组(1.16)有非零解的充分必要条件是 $D=0$.

**例 1.18**　当 $\lambda$ 取何值时,方程组

$$\begin{cases}\lambda x_1+x_2+x_3=0,\\ x_1+\lambda x_2+x_3=0,\\ x_1+x_2+\lambda x_3=0\end{cases}$$

只有零解.

**解**　由定理 1.4 知,当 $D\neq 0$ 时,方程组只有零解. 因为

$$D=\begin{vmatrix}\lambda & 1 & 1\\ 1 & \lambda & 1\\ 1 & 1 & \lambda\end{vmatrix}\xlongequal[c_1+c_3]{c_1+c_2}\begin{vmatrix}\lambda+2 & 1 & 1\\ \lambda+2 & \lambda & 1\\ \lambda+2 & 1 & \lambda\end{vmatrix}=(\lambda+2)\begin{vmatrix}1 & 1 & 1\\ 1 & \lambda & 1\\ 1 & 1 & \lambda\end{vmatrix}$$

$$=(\lambda+2)\begin{vmatrix}1 & 1 & 1\\ 0 & \lambda-1 & 0\\ 0 & 0 & \lambda-1\end{vmatrix}=(\lambda+2)(\lambda-1)^2,$$

所以当 $\lambda\neq -2$ 且 $\lambda\neq 1$ 时,方程组只有零解.

## 习 题 一

1. 求下列各排列的逆序数,并指出它的奇偶性:

(1) 43521; (2) 23154; (3) 315462; (4) 36715284.

2. 确定以下各项在相应行列式中所带的符号:

(1) $a_{12}a_{24}a_{31}a_{45}a_{53}$;

(2) $a_{21}a_{53}a_{16}a_{42}a_{65}a_{34}$;

(3) $a_{25}a_{34}a_{51}a_{72}a_{66}a_{17}a_{43}$

3. 选择 $k,l$,使 $a_{13}a_{2k}a_{34}a_{42}a_{5l}$ 为五阶行列式中带有负号的项.

4. 计算下列二阶行列式:

(1) $\begin{vmatrix} 3 & 4 \\ -5 & 6 \end{vmatrix}$; (2) $\begin{vmatrix} a-b & b \\ -b & a+b \end{vmatrix}$; (3) $\begin{vmatrix} 34215 & 35215 \\ 28092 & 29092 \end{vmatrix}$.

5. 计算下列三阶行列式:

(1) $\begin{vmatrix} 1 & 2 & 3 \\ 3 & 2 & 1 \\ 2 & 1 & 3 \end{vmatrix}$; (2) $\begin{vmatrix} 3 & 1 & 301 \\ 1 & 2 & 102 \\ 2 & 4 & 199 \end{vmatrix}$; (3) $\begin{vmatrix} 1+a & 1 & 1 \\ 1 & 1+a & 1 \\ 1 & 1 & 1+a \end{vmatrix}$.

6. 计算下列行列式:

(1) $\begin{vmatrix} 1 & 1 & 1 & 1 \\ 1 & 2 & 3 & 4 \\ 1 & 3 & 6 & 10 \\ 1 & 4 & 10 & 20 \end{vmatrix}$; (2) $\begin{vmatrix} 1 & 2 & 3 & 4 \\ 2 & 3 & 4 & 1 \\ 3 & 4 & 1 & 2 \\ 4 & 1 & 2 & 3 \end{vmatrix}$;

(3) $\begin{vmatrix} -2 & 2 & -4 & 0 \\ 4 & -1 & 3 & 5 \\ 3 & 1 & -2 & -3 \\ 1 & 4 & 10 & 20 \end{vmatrix}$; (4) $\begin{vmatrix} x & y & x+y \\ y & x+y & x \\ x+y & x & y \end{vmatrix}$.

7. 设行列式 $D=\begin{vmatrix} 3 & 0 & 4 & 2 \\ 2 & 2 & 2 & 2 \\ 0 & -7 & 0 & 0 \\ 5 & 3 & -2 & 2 \end{vmatrix}$,则第 4 行各元素的余子式之和为多少?第 4 行各元素的代数余子式之和为多少?

8. 已知四阶行列式 $D$ 中第 3 列元素依次为 $-1,2,0,1$,它们的余子式依次为 $5,3,-7,4$,求 $D$.

9. 解方程 $\begin{vmatrix} 1 & 2 & 3 \\ x-1 & 4 & 6 \\ 3 & 6 & x^2 \end{vmatrix}=0$.

10. 用行列式的性质证明下列等式:

(1) $\begin{vmatrix} a_1+kb_1 & b_1+c_1 & c_1 \\ a_2+kb_2 & b_2+c_2 & c_2 \\ a_3+kb_3 & b_3+c_3 & c_3 \end{vmatrix} = \begin{vmatrix} a_1 & b_1 & c_1 \\ a_2 & b_2 & c_2 \\ a_3 & b_3 & c_3 \end{vmatrix}$;

(2) $\begin{vmatrix} y+z & z+x & x+y \\ x+y & y+z & z+x \\ z+x & x+y & y+z \end{vmatrix} = -2\begin{vmatrix} x & y & z \\ y & z & x \\ z & x & y \end{vmatrix}$.

11. 用克莱默法则解下列方程：

$$\begin{cases} x+y-2z=-3, \\ 5x-2y+7z=22, \\ 2x-5y+4z=4. \end{cases}$$

12. 设方程组 $\begin{cases} x+y+z=a+b+c, \\ ax+by+cz=a^2+b^2+c^2, \\ bcx+cay+abz=3abc. \end{cases}$ 试问当 $a,b,c$ 满足什么条件时，方程组有唯一解，并求出唯一解.

13. 设曲线 $y=a_0+a_1x+a_2x^2+a_3x^3$ 通过 4 点 (1,3)、(2,4)、(3,3)、(4,−3)，求系数 $a_0$，$a_1$，$a_2$，$a_3$.

# 第 2 章　矩阵及其运算

矩阵是数学中最重要的基本概念之一，是我们学习后面几章的基础和工具，其理论和方法已被广泛应用到自然科学、现代经济学、管理学、工程技术等许多领域．这一章主要介绍矩阵的基本知识，包括矩阵的概念及其运算、矩阵的逆、分块矩阵、矩阵的初等变换、初等矩阵及矩阵的秩等内容．

## 2.1　矩　　阵

### 2.1.1　矩阵的概念

**定义2.1**　由 $m\times n$ 个数 $a_{ij}(i=1,2,\cdots,m;j=1,2,\cdots,n)$ 排成 $m$ 行 $n$ 列的数表，即

$$\begin{matrix} a_{11} & a_{12} & \cdots & a_{1n} \\ a_{21} & a_{22} & \cdots & a_{2n} \\ \vdots & \vdots & & \vdots \\ a_{m1} & a_{m2} & \cdots & a_{mn} \end{matrix}$$

称为 $m$ 行 $n$ 列**矩阵**，或简称为 $m\times n$ 矩阵；用括号括起来以表示它是一个整体，表示为

$$\boldsymbol{A}=\begin{pmatrix} a_{11} & a_{12} & \cdots & a_{1n} \\ a_{21} & a_{22} & \cdots & a_{2n} \\ \vdots & \vdots & & \vdots \\ a_{m1} & a_{m2} & \cdots & a_{mn} \end{pmatrix}$$

或简记为 $\boldsymbol{A}=(a_{ij})_{m\times n}$ 或 $\boldsymbol{A}=(a_{ij})$ 或 $\boldsymbol{A}_{m\times n}$；其中 $a_{ij}$ 表示 $\boldsymbol{A}$ 中第 $i$ 行，第 $j$ 列的元素（也简称为元）．

**注 2.1**　(1) 第 1 章中行列式 $D=\begin{vmatrix} a_{11} & a_{12} & \cdots & a_{1n} \\ a_{21} & a_{22} & \cdots & a_{2n} \\ \vdots & \vdots & & \vdots \\ a_{n1} & a_{n2} & \cdots & a_{nn} \end{vmatrix}$ 表示的是按行列式的运算规则所得到的一个代数表达式，而 $m\times n$ 矩阵是 $m\times n$ 个数排成的数表．例如，公司的统计报表，学生成绩登记表等，都可写出相应的矩阵．

(2) 元素全是实数的矩阵称为实矩阵；元素全是复数的矩阵称为复矩阵．在本书中，如没有特殊说明，通常都指的是实矩阵．

### 2.1.2 特殊矩阵

(1) 若两个矩阵的行数和列数分别相等,则称它们是同型矩阵,如

$$\boldsymbol{A}=\begin{pmatrix}1&2&3\\0&1&0\end{pmatrix},\quad \boldsymbol{B}=\begin{pmatrix}2&1&1\\1&1&0\end{pmatrix}.$$

(2) 设 $\boldsymbol{A}=(a_{ij})_{m\times n}$,$\boldsymbol{B}=(b_{ij})_{m\times n}$,当 $a_{ij}=b_{ij}$ $(i=1,2,\cdots,m;j=1,2,\cdots,n)$时,则称矩阵 $\boldsymbol{A}$ 与 $\boldsymbol{B}$ 相等,记为 $\boldsymbol{A}=\boldsymbol{B}$.

(3) 当 $m=n$ 时,$n\times n$ 矩阵 $\boldsymbol{A}=\begin{pmatrix}a_{11}&a_{12}&\cdots&a_{1n}\\a_{21}&a_{22}&\cdots&a_{2n}\\\vdots&\vdots&&\vdots\\a_{n1}&a_{n2}&\cdots&a_{nn}\end{pmatrix}=(a_{ij})_{n\times n}$称为 $n$ 阶方阵.

(4) 当 $m=1$ 时,$1\times n$ 矩阵 $\boldsymbol{A}=(a_1,a_2,\cdots,a_n)$称为行矩阵,或称 $n$ 维行向量.

(5) 当 $n=1$ 时,$m\times 1$ 矩阵 $\boldsymbol{B}=\begin{pmatrix}b_1\\b_2\\\vdots\\b_m\end{pmatrix}$称为列矩阵,或称 $m$ 维列向量,也可表示为$(b_1,b_2,\cdots,b_m)^{\mathrm{T}}$.

(6) $m\times n$ 矩阵 $\begin{pmatrix}0&0&\cdots&0\\0&0&\cdots&0\\\vdots&\vdots&&\vdots\\0&0&\cdots&0\end{pmatrix}=(0)_{m\times n}$称为 $m\times n$ 零矩阵,记为 $\boldsymbol{O}_{m\times n}$ 或$\boldsymbol{O}$.

**注 2.2** 不同型的零矩阵是不相等的.

(7) $n$ 阶方阵 $\begin{pmatrix}1&0&\cdots&0\\0&1&\cdots&0\\\vdots&\vdots&&\vdots\\0&0&\cdots&1\end{pmatrix}$称为 $n$ 阶单位矩阵,记为 $\boldsymbol{E}_n$ 或 $\boldsymbol{E}$.

(8) $n$ 阶方阵 $\Lambda=\begin{pmatrix}\lambda_1&&&\\&\lambda_2&&\\&&\ddots&\\&&&\lambda_n\end{pmatrix}=\mathrm{diag}(\lambda_1,\lambda_2,\cdots,\lambda_n)$称为 $n$ 阶对角阵.

## 2.2 矩阵的运算

矩阵的意义不仅在于将具体的问题可以抽象成一些数表的形式,而且在于它

定义了一些理论意义和实际意义上的运算，从而使它成为进行理论研究和解决实际问题的重要工具．

### 2.2.1　矩阵的加法

1．矩阵加法的定义

**定义 2.2**　设 $\boldsymbol{A}=(a_{ij})_{m\times n}$，$\boldsymbol{B}=(b_{ij})_{m\times n}$，则 $\boldsymbol{A}$ 与 $\boldsymbol{B}$ 的加法定义为

$$\boldsymbol{A}+\boldsymbol{B}=\begin{pmatrix} a_{11}+b_{11} & a_{12}+b_{12} & \cdots & a_{1n}+b_{1n} \\ a_{21}+b_{21} & a_{22}+b_{22} & \cdots & a_{2n}+b_{2n} \\ \vdots & \vdots & & \vdots \\ a_{m1}+b_{m1} & a_{m2}+b_{m2} & \cdots & a_{mn}+b_{mn} \end{pmatrix}.$$

**注 2.3**　只有当两个矩阵是同型矩阵时，才能进行加法运算．

2．运算规律

设 $\boldsymbol{A}$、$\boldsymbol{B}$、$\boldsymbol{C}$ 及 $\boldsymbol{O}$ 都是 $m\times n$ 矩阵，根据矩阵相等的定义，矩阵的加法满足下列运算规律：

① $\boldsymbol{A}+\boldsymbol{B}=\boldsymbol{B}+\boldsymbol{A}$；　② $(\boldsymbol{A}+\boldsymbol{B})+\boldsymbol{C}=\boldsymbol{A}+(\boldsymbol{B}+\boldsymbol{C})$；　③ $\boldsymbol{A}+\boldsymbol{O}=\boldsymbol{A}$.

### 2.2.2　矩阵的数乘

1．矩阵数乘的定义

**定义 2.3**　设 $\lambda$ 是数，$\boldsymbol{A}=(a_{ij})_{m\times n}$ 是 $m\times n$ 矩阵，则 $\lambda$ 与 $\boldsymbol{A}$ 的数乘定义为

$$\lambda\boldsymbol{A}=\begin{pmatrix} \lambda a_{11} & \lambda a_{12} & \cdots & \lambda a_{1n} \\ \lambda a_{21} & \lambda a_{22} & \cdots & \lambda a_{2n} \\ \vdots & \vdots & & \vdots \\ \lambda a_{m1} & \lambda a_{m2} & \cdots & \lambda a_{mn} \end{pmatrix}.$$

2．运算规律

设 $\lambda,\mu$ 是数，$\boldsymbol{A},\boldsymbol{B}$ 是 $m\times n$ 矩阵，有

① $(\lambda\mu)\boldsymbol{A}=\lambda(\mu)\boldsymbol{A}$，　② $(\lambda+\mu)\boldsymbol{A}=\lambda\boldsymbol{A}+\mu\boldsymbol{A}$，　③ $\lambda(\boldsymbol{A}+\boldsymbol{B})=\lambda\boldsymbol{A}+\lambda\boldsymbol{B}$.

矩阵的加法和数乘运算统称为矩阵的线性运算．

**例 2.1**　设 $\boldsymbol{A}=\begin{pmatrix} 1 & -2 & 4 \\ 3 & 5 & 0 \\ -1 & 2 & -7 \end{pmatrix}$，$\boldsymbol{B}=\begin{pmatrix} 3 & 2 & 1 \\ -6 & 7 & -2 \\ 0 & 4 & 1 \end{pmatrix}$，

求矩阵 $\boldsymbol{X}$，使之满足矩阵方程 $2\boldsymbol{A}+\boldsymbol{X}=\boldsymbol{B}$.

**解**　由 $2\boldsymbol{A}+\boldsymbol{X}=\boldsymbol{B}$，得

$$X=B-2A=\begin{pmatrix}3&2&1\\-6&7&-2\\0&4&1\end{pmatrix}-2\begin{pmatrix}1&-2&4\\3&5&0\\-1&2&-7\end{pmatrix}=\begin{pmatrix}1&6&-7\\-12&-3&-2\\2&0&15\end{pmatrix}.$$

**注 2.4** 有了矩阵的加法与数乘运算，对于两个同型的矩阵 $\boldsymbol{A}$ 与 $\boldsymbol{B}$，可以求它们的差(或称矩阵的减法)，$\boldsymbol{A}-\boldsymbol{B}=\boldsymbol{A}+(-\boldsymbol{B})$.

### 2.2.3 矩阵的乘法

矩阵的乘法运算比较复杂，首先看一个例子.

设变量 $t_1,t_2$ 到变量 $x_1,x_2,x_3$ 的线性变换为

$$\begin{cases}x_1=b_{11}t_1+b_{12}t_2,\\x_2=b_{21}t_1+b_{22}t_2,\\x_3=b_{31}t_1+b_{32}t_2.\end{cases}$$

变量 $x_1,x_2,x_3$ 到变量 $y_1,y_2$ 的线性变换为

$$\begin{cases}y_1=a_{11}x_1+a_{12}x_2+a_{13}x_3,\\y_2=a_{21}x_1+a_{22}x_2+a_{23}x_3,\end{cases}$$

则变量 $t_1,t_2$ 到变量 $y_1,y_2$ 的线性变换应为

$$\begin{cases}y_1=(a_{11}b_{11}+a_{12}b_{21}+a_{13}b_{31})t_1+(a_{11}b_{12}+a_{12}b_{22}+a_{13}b_{32})t_2,\\y_2=(a_{21}b_{11}+a_{22}b_{21}+a_{23}b_{31})t_1+(a_{21}b_{12}+a_{22}b_{22}+a_{23}b_{32})t_2.\end{cases}$$

定义矩阵

$$\begin{pmatrix}a_{11}&a_{12}&a_{13}\\a_{21}&a_{22}&a_{23}\end{pmatrix}\text{和}\begin{pmatrix}b_{11}&b_{12}\\b_{21}&b_{22}\\b_{31}&b_{32}\end{pmatrix}$$

的乘积为

$$\begin{pmatrix}a_{11}&a_{12}&a_{13}\\a_{21}&a_{22}&a_{23}\end{pmatrix}\begin{pmatrix}b_{11}&b_{12}\\b_{21}&b_{22}\\b_{31}&b_{32}\end{pmatrix}=\begin{pmatrix}a_{11}b_{11}+a_{12}b_{21}+a_{13}b_{31}&a_{11}b_{12}+a_{12}b_{22}+a_{13}b_{32}\\a_{21}b_{11}+a_{22}b_{21}+a_{23}b_{31}&a_{21}b_{12}+a_{22}b_{22}+a_{23}b_{32}\end{pmatrix}.$$

按以上方式定义的乘法具有实际意义. 由此推广得到矩阵乘法的一般定义:

#### 1. 矩阵乘法的定义

**定义 2.4** 设 $\boldsymbol{A}=(a_{ij})_{m\times s}$，$\boldsymbol{B}=(b_{ij})_{s\times n}$，规定矩阵 $\boldsymbol{A}$ 与矩阵 $\boldsymbol{B}$ 的乘积是 $m\times n$ 矩阵 $\boldsymbol{C}=(c_{ij})_{m\times n}$，其中

$$c_{ij}=a_{i1}b_{1j}+a_{i2}b_{2j}+\cdots+a_{is}b_{sj}=\sum_{k=1}^{s}a_{ik}b_{kj},(i=1,2,\cdots,m;j=1,2,\cdots,n).$$

记作 $\boldsymbol{C}=\boldsymbol{AB}$，即 $\boldsymbol{C}$ 的第 $i$ 行第 $j$ 列上的元素 $c_{ij}$ 就是 $\boldsymbol{A}$ 的第 $i$ 行与 $\boldsymbol{B}$ 的第 $j$ 列的对应元素的乘积之和.

对于矩阵的乘法，应该注意以下几点：

(1) 只有当第一个矩阵的列数等于第二个矩阵的行数时，两个矩阵才能相乘．

(2) $\boldsymbol{AB}$ 的行数等于 $\boldsymbol{A}$ 的行数，$\boldsymbol{AB}$ 的列数等于 $\boldsymbol{B}$ 的列数．

(3) $\boldsymbol{A}$ 与 $\boldsymbol{B}$ 的先后次序一般不能交换．

(4) 一行与一列相乘 $(a_{i1},a_{i2},\cdots,a_{in})\begin{pmatrix}b_{1j}\\b_{2j}\\\vdots\\b_{nj}\end{pmatrix}=\sum_{k=1}^{n}a_{ik}b_{kj}=c_{ij}$ 是一个数．

**例 2.2**　设 $\boldsymbol{A}=\begin{pmatrix}3&-1\\0&3\\1&4\end{pmatrix}$，$\boldsymbol{B}=\begin{pmatrix}1&3&1&2\\0&-2&1&0\end{pmatrix}$，求 $\boldsymbol{AB}$.

**解**　由于 $\boldsymbol{A}$ 是 $3\times2$ 矩阵，$\boldsymbol{B}$ 是 $2\times4$ 矩阵，$\boldsymbol{A}$ 的列数等于 $\boldsymbol{B}$ 的行数，所以 $\boldsymbol{A}$ 与 $\boldsymbol{B}$ 可以相乘，其乘积 $\boldsymbol{C}=\boldsymbol{AB}$ 是一个 $3\times4$ 矩阵．根据公式有

$$\boldsymbol{AB}=\begin{pmatrix}3&-1\\0&3\\1&4\end{pmatrix}\begin{pmatrix}1&3&1&2\\0&-2&1&0\end{pmatrix}=\begin{pmatrix}3&11&2&6\\0&-6&3&0\\1&-5&5&2\end{pmatrix}.$$

**注 2.5**　这里 $\boldsymbol{BA}$ 没有意义．

**例 2.3**　设 $\boldsymbol{A}=\begin{pmatrix}3&1\\4&6\end{pmatrix}$，$\boldsymbol{B}=\begin{pmatrix}2&1\\4&6\end{pmatrix}$，$\boldsymbol{C}=\begin{pmatrix}0&0\\1&1\end{pmatrix}$，求 $\boldsymbol{AC}$ 和 $\boldsymbol{BC}$.

**解**

$$\boldsymbol{AC}=\begin{pmatrix}3&1\\4&6\end{pmatrix}\begin{pmatrix}0&0\\1&1\end{pmatrix}=\begin{pmatrix}1&1\\6&6\end{pmatrix},$$

$$\boldsymbol{BC}=\begin{pmatrix}2&1\\4&6\end{pmatrix}\begin{pmatrix}0&0\\1&1\end{pmatrix}=\begin{pmatrix}1&1\\6&6\end{pmatrix}.$$

从上面的例子可以看出，如下结论成立：

(1) 若 $\boldsymbol{A}_{m\times s}$，$\boldsymbol{B}_{s\times n}$，则 $\boldsymbol{A}_{m\times s}\boldsymbol{B}_{s\times n}$ 有意义，而当 $m\neq n$ 时，$\boldsymbol{B}_{s\times n}\boldsymbol{A}_{m\times s}$ 无意义；

(2) 若 $A_{m\times n}$，$\boldsymbol{B}_{n\times m}$，则 $\boldsymbol{A}_{m\times n}\boldsymbol{B}_{n\times m}$ 是 $m$ 阶方阵，而 $\boldsymbol{B}_{n\times m}\boldsymbol{A}_{m\times n}$ 是 $n$ 阶方阵；

(3) 一般 $\boldsymbol{AB}\neq\boldsymbol{BA}$（即矩阵乘法不满足交换律）；

(4) $\boldsymbol{AB}=\boldsymbol{AC}$ 且 $\boldsymbol{A}\neq\boldsymbol{O}$，不一定有 $\boldsymbol{B}=\boldsymbol{C}$.

这些都是矩阵乘法与数的乘法的不同之处，希望同学们在学习中要注意．但是下面性质显然成立．

2. 运算规律

假设所涉及的运算都是可行的．

① $(\boldsymbol{AB})\boldsymbol{C}=\boldsymbol{A}(\boldsymbol{BC})$；

② $\lambda(\boldsymbol{AB})=(\lambda\boldsymbol{A})\boldsymbol{B}=\boldsymbol{A}(\lambda\boldsymbol{B})$；

③ $\boldsymbol{A}(\boldsymbol{B}+\boldsymbol{C})=\boldsymbol{AB}+\boldsymbol{AC},(\boldsymbol{B}+\boldsymbol{C})\boldsymbol{A}=\boldsymbol{BA}+\boldsymbol{CA}$；

④ $\boldsymbol{E}_m\boldsymbol{A}_{m\times n}=\boldsymbol{A}_{m\times n}\boldsymbol{E}_n=\boldsymbol{A}_{m\times n}$；

⑤ $\boldsymbol{AO}=\boldsymbol{O},\boldsymbol{OA}=\boldsymbol{O}$.

由④可见，单位矩阵在矩阵乘法中的作用类似于数的乘法中的“1”.

矩阵 $\lambda\boldsymbol{E}=\begin{pmatrix}\lambda & & & \\ & \lambda & & \\ & & \ddots & \\ & & & \lambda\end{pmatrix}$ 称为纯量矩阵．由 $\lambda(\boldsymbol{AE})=\lambda\boldsymbol{A}=\boldsymbol{A}(\lambda\boldsymbol{E})$ 可知，纯量矩阵 $\lambda\boldsymbol{E}$ 与矩阵 $\boldsymbol{A}$ 的乘积等于数 $\lambda$ 与 $\boldsymbol{A}$ 的乘积，且当 $\boldsymbol{A}$ 为 $n$ 阶方阵时，有 $\lambda(\boldsymbol{A}_n\boldsymbol{E}_n)=\lambda\boldsymbol{A}_n=\boldsymbol{A}_n(\lambda\boldsymbol{E}_n)$，表明纯量矩阵 $\lambda\boldsymbol{E}$ 与任何同阶方阵的乘法都是可交换的．

### 2.2.4 方阵的幂

1. 方阵的幂的定义

**定义 2.5** 设 $\boldsymbol{A}$ 是 $n$ 阶方阵，$k$ 是正整数，则 $\boldsymbol{A}$ 的 $k$ 次幂规定为

$$\boldsymbol{A}^k=\boldsymbol{AA}\cdots\boldsymbol{A},$$

即 $k$ 个 $\boldsymbol{A}$ 相乘．

特别规定：当 $\boldsymbol{A}\neq\boldsymbol{O}$ 时，$\boldsymbol{A}^0=\boldsymbol{E}$.

2. 运算规律

设 $\boldsymbol{A}$ 是方阵，$k,l$ 是正整数，矩阵的幂运算满足以下规律：

① $\boldsymbol{A}^k\boldsymbol{A}^l=\boldsymbol{A}^{k+l}$； ② $(\boldsymbol{A}^k)^l=\boldsymbol{A}^{kl}$．

由于矩阵的乘法一般不满足交换律，所以对两个 $n$ 阶方阵 $\boldsymbol{A}$ 与 $\boldsymbol{B}$，一般来说，$(\boldsymbol{AB})^k\neq\boldsymbol{A}^k\boldsymbol{B}^k$，只有当 $\boldsymbol{A}$ 与 $\boldsymbol{B}$ 可交换时才有 $(\boldsymbol{AB})^k=\boldsymbol{A}^k\boldsymbol{B}^k$. 因此对于 $(\boldsymbol{A}+\boldsymbol{B})^2=\boldsymbol{A}^2+2\boldsymbol{AB}+\boldsymbol{B}^2$，$(\boldsymbol{A}-\boldsymbol{B})(\boldsymbol{A}+\boldsymbol{B})=\boldsymbol{A}^2-\boldsymbol{B}^2$ 也只有在 $\boldsymbol{A}$ 与 $\boldsymbol{B}$ 可交换时才成立．但是，因为 $\boldsymbol{AE}=\boldsymbol{EA}$，从而有

$$(\boldsymbol{A}+\boldsymbol{E})^2=\boldsymbol{A}^2+2\boldsymbol{A}+\boldsymbol{E},\qquad (\boldsymbol{A}-\boldsymbol{E})(\boldsymbol{A}+\boldsymbol{E})=\boldsymbol{A}^2-\boldsymbol{E}.$$

**例 2.4** 设 $\boldsymbol{A}=\begin{pmatrix}1&0&1\\0&3&0\\0&0&1\end{pmatrix}$，求 $\boldsymbol{A}^k(k=2,3,\cdots)$.

**解** $\boldsymbol{A}^2=\boldsymbol{AA}=\begin{pmatrix}1&0&1\\0&3&0\\0&0&1\end{pmatrix}\begin{pmatrix}1&0&1\\0&3&0\\0&0&1\end{pmatrix}=\begin{pmatrix}1&0&2\\0&3^2&0\\0&0&1\end{pmatrix}$，

$$A^3=A^2A=\begin{pmatrix}1&0&2\\0&3^2&0\\0&0&1\end{pmatrix}\begin{pmatrix}1&0&1\\0&3&0\\0&0&1\end{pmatrix}=\begin{pmatrix}1&0&3\\0&3^3&0\\0&0&1\end{pmatrix},$$

可以验证

$$A^k=\begin{pmatrix}1&0&k\\0&3^k&0\\0&0&1\end{pmatrix}.$$

显然，一个对角矩阵的 $k$ 次幂仍是对角矩阵 .

$$\begin{pmatrix}\lambda_1&&&\\&\lambda_2&&\\&&\ddots&\\&&&\lambda_n\end{pmatrix}^k=\begin{pmatrix}\lambda_1^k&&&\\&\lambda_2^k&&\\&&\ddots&\\&&&\lambda_n^k\end{pmatrix}.$$

### 2.2.5　矩阵的转置

1. 矩阵的转置的定义

**定义 2.6**　设 $A=\begin{pmatrix}a_{11}&a_{12}&\cdots&a_{1n}\\a_{21}&a_{22}&\cdots&a_{2n}\\\vdots&\vdots&&\vdots\\a_{m1}&a_{m2}&\cdots&a_{mn}\end{pmatrix}$，记 $A^{\mathrm T}=\begin{pmatrix}a_{11}&a_{12}&\cdots&a_{m1}\\a_{12}&a_{22}&\cdots&a_{m2}\\\vdots&\vdots&&\vdots\\a_{1n}&a_{2n}&\cdots&a_{mn}\end{pmatrix}$，

则称 $A^{\mathrm T}$ 是 $A$ 的转置矩阵 .

2. 运算规律

矩阵的转置也是一种运算，满足以下运算规律(假设运算都是可行的)：

① $(A^{\mathrm T})^{\mathrm T}=A$，② $(A+B)^{\mathrm T}=A^{\mathrm T}+B^{\mathrm T}$，③ $(\lambda A)^{\mathrm T}=\lambda A^{\mathrm T}$，④ $(AB)^{\mathrm T}=B^{\mathrm T}A^{\mathrm T}$.

**定义 2.7**　若 $n$ 阶方阵 $A$ 满足 $A^{\mathrm T}=A$(即 $a_{ij}=a_{ji},i,j=1,2,\cdots,n$)，则称 $A$ 是对称矩阵，简称对称阵 .

对称阵的特点是其元素关于主对角线对称，对应相等 . 如：

$$A=\begin{pmatrix}1&2&1\\2&0&3\\1&3&5\end{pmatrix}.$$

对称矩阵有如下性质：

(1) 两个同阶对称矩阵的和仍是对称矩阵；

(2) 数乘对称矩阵仍是对称矩阵 .

**注 2.6**　两个对称矩阵的乘积不一定是对称矩阵，例如

$\boldsymbol{A}=\begin{pmatrix}2&-1\\-1&0\end{pmatrix}$，$\boldsymbol{B}=\begin{pmatrix}0&1\\1&0\end{pmatrix}$都是对称矩阵，但是$\boldsymbol{AB}=\begin{pmatrix}-1&2\\0&-1\end{pmatrix}$不是对称矩阵．

**例 2.5** 设$\boldsymbol{x}=(x_1,x_2,\cdots,x_n)^{\mathrm{T}}$，且$\boldsymbol{x}^{\mathrm{T}}\boldsymbol{x}=1$，$\boldsymbol{E}$为$n$阶单位阵，$\boldsymbol{H}=\boldsymbol{E}-2\boldsymbol{x}\boldsymbol{x}^{\mathrm{T}}$，证明：①$\boldsymbol{H}$是对称阵，②$\boldsymbol{H}^2=\boldsymbol{E}$.

**证明** ①$\boldsymbol{H}^{\mathrm{T}}=(\boldsymbol{E}-2\boldsymbol{x}\boldsymbol{x}^{\mathrm{T}})^{\mathrm{T}}=\boldsymbol{E}^{\mathrm{T}}-2(\boldsymbol{x}\boldsymbol{x}^{\mathrm{T}})^{\mathrm{T}}=\boldsymbol{E}-2\boldsymbol{x}\boldsymbol{x}^{\mathrm{T}}=\boldsymbol{H}$，故$\boldsymbol{H}$是对称阵．

②$\boldsymbol{H}^2=(\boldsymbol{E}-2\boldsymbol{x}\boldsymbol{x}^{\mathrm{T}})^2=\boldsymbol{E}-4\boldsymbol{x}\boldsymbol{x}^{\mathrm{T}}+4\boldsymbol{x}\boldsymbol{x}^{\mathrm{T}}\boldsymbol{x}\boldsymbol{x}^{\mathrm{T}}=\boldsymbol{E}-4\boldsymbol{x}\boldsymbol{x}^{\mathrm{T}}+4\boldsymbol{x}(\boldsymbol{x}^{\mathrm{T}}\boldsymbol{x})\boldsymbol{x}^{\mathrm{T}}=\boldsymbol{E}$.

### 2.2.6 方阵的行列式

1. 方阵的行列式的定义

**定义 2.8** 设$\boldsymbol{A}$为$n$阶方阵，其元素构成的$n$阶行列式(各元素的位置保持不变)，称为方阵$\boldsymbol{A}$的行列式，记为$|\boldsymbol{A}|$或$\det\boldsymbol{A}$.

**注 2.7** 方阵和方阵的行列式是两个不同的概念．$n$阶方阵是$n^2$个数按一定方式排列的数表，而$n$阶行列式则是这些数按一定的运算法则所确定的一个代数表达式．

2. 性质

设$\boldsymbol{A},\boldsymbol{B}$为$n$阶方阵，$\lambda$为数，$k$为正整数，则满足下列性质：

①$|\boldsymbol{A}^{\mathrm{T}}|=|\boldsymbol{A}|$，②$|\lambda\boldsymbol{A}|=\lambda^n|\boldsymbol{A}|$，③$|\boldsymbol{AB}|=|\boldsymbol{BA}|=|\boldsymbol{A}||\boldsymbol{B}|$，④$|\boldsymbol{A}^k|=|\boldsymbol{A}|^k$.

特别地，若方阵$\boldsymbol{A}$的行列式$|\boldsymbol{A}|\neq0$，则称$\boldsymbol{A}$为非奇异矩阵；若$|\boldsymbol{A}|=0$，则称$\boldsymbol{A}$为奇异矩阵．

**例 2.6** 设$\boldsymbol{A},\boldsymbol{B}$为三阶方阵，$|\boldsymbol{A}|=-2$，且$\boldsymbol{A}^3-\boldsymbol{ABA}+2\boldsymbol{E}=\boldsymbol{O}$，求$|\boldsymbol{A}-\boldsymbol{B}|$.

**解** 利用矩阵乘法的分配律，由$\boldsymbol{A}^3-\boldsymbol{ABA}+2\boldsymbol{E}=\boldsymbol{O}$，可得

$$\boldsymbol{A}(\boldsymbol{A}-\boldsymbol{B})\boldsymbol{A}=-2\boldsymbol{E},$$

两边取行列式，得$|\boldsymbol{A}||\boldsymbol{A}-\boldsymbol{B}||\boldsymbol{A}|=|-2\boldsymbol{E}|$，由于$|\boldsymbol{A}|=-2$，所以$|\boldsymbol{A}-\boldsymbol{B}|=\dfrac{(-2)^3|\boldsymbol{E}|}{|\boldsymbol{A}|^2}=-2$.

**定义 2.9** 设矩阵$\boldsymbol{A}=\begin{pmatrix}a_{11}&a_{12}&\cdots&a_{1n}\\a_{21}&a_{22}&\cdots&a_{2n}\\\vdots&\vdots&&\vdots\\a_{n1}&a_{n2}&\cdots&a_{nn}\end{pmatrix}$，若记矩阵$\boldsymbol{A}$的行列式$|\boldsymbol{A}|$的各个元素$a_{ij}$的代数余子式$\boldsymbol{A}_{ij}$所构成的矩阵为

$$\boldsymbol{A}^*=\begin{pmatrix}A_{11}&A_{21}&\cdots&A_{n1}\\A_{12}&A_{22}&\cdots&A_{n2}\\\vdots&\vdots&&\vdots\\A_{1n}&A_{2n}&\cdots&A_{nn}\end{pmatrix},$$

则称 $\boldsymbol{A}^*$ 为 $\boldsymbol{A}$ 的伴随矩阵，简称为 $\boldsymbol{A}$ 的伴随阵.

由矩阵的乘法及方阵的行列式的性质，可以验证下面式子成立：

$$\boldsymbol{A}^*\boldsymbol{A}=\boldsymbol{A}\boldsymbol{A}^*=|\boldsymbol{A}|\boldsymbol{E}.$$

## 2.3　矩阵的逆

前面我们定义了矩阵的加法、数乘以及乘法运算，那么能否也像数的运算那样定义矩阵的除法运算呢？在初等代数中解一元一次方程 $ax=c$，当 $a\neq 0$ 时，存在一个逆数 $a^{-1}$，使得 $x=a^{-1}c$ 为方程的解，即存在一个逆数 $b$，使得 $ab=ba=1$；那么在解矩阵方程 $\boldsymbol{AX}=\boldsymbol{C}$ 时，是否也存在一个矩阵 $\boldsymbol{B}$，使得 $\boldsymbol{AB}=\boldsymbol{BA}=\boldsymbol{E}$ 呢？这就是本节要讨论的问题，逆矩阵在矩阵理论和应用中有着重要的作用.

### 2.3.1　矩阵可逆的概念

**定义 2.10**　设 $\boldsymbol{A}$ 是 $n$ 阶方阵，如果存在 $n$ 阶方阵 $\boldsymbol{B}$，使得

$$\boldsymbol{AB}=\boldsymbol{BA}=\boldsymbol{E}$$

则称 $\boldsymbol{A}$ 是可逆矩阵，简称 $\boldsymbol{A}$ 可逆，并把 $\boldsymbol{B}$ 称为 $\boldsymbol{A}$ 的逆矩阵，记为 $\boldsymbol{B}=\boldsymbol{A}^{-1}$.

**注 2.8**　(1)满足一定条件的方阵才有逆矩阵；定义中 $\boldsymbol{A}$ 与 $\boldsymbol{B}$ 的地位对称，即 $\boldsymbol{B}$ 是 $\boldsymbol{A}$ 的逆矩阵时，$\boldsymbol{A}$ 也是 $\boldsymbol{B}$ 的逆矩阵；

(2) $\boldsymbol{A}^{-1}\neq\dfrac{1}{\boldsymbol{A}}$，这是与数的区别；

(3) 对于单位矩阵 $\boldsymbol{E}$，由于总有 $\boldsymbol{EE}=\boldsymbol{EE}=\boldsymbol{E}$，因此 $\boldsymbol{E}^{-1}=\boldsymbol{E}$.

由定义可以看出，不是所有的方阵都可逆，那么当它满足什么条件时，才可逆？逆矩阵是否惟一？如何求逆矩阵呢？这是下面要讨论的问题.

### 2.3.2　矩阵可逆的条件

**定理 2.1**　若 $n$ 阶方阵 $\boldsymbol{A}$ 可逆，则 $\boldsymbol{A}$ 的逆矩阵唯一.

**证明**　设 $\boldsymbol{B}$ 与 $\boldsymbol{C}$ 都是 $\boldsymbol{A}$ 的逆矩阵，由定义 2.10，有

$$\boldsymbol{AB}=\boldsymbol{BA}=\boldsymbol{E},\quad \boldsymbol{AC}=\boldsymbol{CA}=\boldsymbol{E},$$

于是

$$\boldsymbol{B}=\boldsymbol{BE}=\boldsymbol{B}(\boldsymbol{AC})=(\boldsymbol{BA})\boldsymbol{C}=\boldsymbol{EC}=\boldsymbol{C},$$

所以 $\boldsymbol{A}$ 的逆矩阵唯一.

**定理 2.2**　$n$ 阶方阵 $\boldsymbol{A}$ 可逆的充分必要条件是 $|\boldsymbol{A}|\neq 0$，且 $\boldsymbol{A}^{-1}=\dfrac{1}{|\boldsymbol{A}|}\boldsymbol{A}^*$.

**证明**　(必要性)　若 $\boldsymbol{A}$ 可逆，则存在 $\boldsymbol{A}^{-1}$，使 $\boldsymbol{AA}^{-1}=\boldsymbol{A}^{-1}\boldsymbol{A}=\boldsymbol{E}$，两边取行列式，得

$$|\boldsymbol{A}||\boldsymbol{A}^{-1}|=|\boldsymbol{A}^{-1}||\boldsymbol{A}|=|\boldsymbol{E}|=1,$$

3. 分块矩阵的乘法

设矩阵 $\boldsymbol{A}_{m\times l}$,$\boldsymbol{B}_{l\times n}$有如下分块形式,其中 $\boldsymbol{A}$ 的列划分方式与 $\boldsymbol{B}$ 的行划分方式相同,即 $\boldsymbol{A}_{i1}$,$\boldsymbol{A}_{i2}$,…,$\boldsymbol{A}_{it}$ 的列数等于 $\boldsymbol{B}_{1j}$,$\boldsymbol{B}_{2j}$,…,$\boldsymbol{B}_{tj}$ 的行数,

$$\boldsymbol{A}_{m\times l}=\begin{pmatrix}\boldsymbol{A}_{11} & \cdots & \boldsymbol{A}_{1t}\\ \vdots & & \vdots\\ \boldsymbol{A}_{s1} & \cdots & \boldsymbol{A}_{st}\end{pmatrix},\mathrm{B}_{l\times n}=\begin{pmatrix}\boldsymbol{B}_{11} & \cdots & \boldsymbol{B}_{1r}\\ \vdots & & \vdots\\ \boldsymbol{B}_{t1} & \cdots & \boldsymbol{B}_{tr}\end{pmatrix},\text{则}$$

$$\boldsymbol{A}_{m\times l}\boldsymbol{B}_{l\times n}=\begin{pmatrix}\boldsymbol{C}_{11} & \cdots & \boldsymbol{C}_{1r}\\ \vdots & & \vdots\\ \boldsymbol{C}_{s1} & \cdots & \boldsymbol{C}_{sr}\end{pmatrix},$$

其中 $\boldsymbol{C}_{ij}=\sum\limits_{k=1}^{t}\boldsymbol{A}_{ik}\boldsymbol{B}_{kj}$ ,$i=1,2,\cdots,s;j=1,2,\cdots,r$.

**例 2.11** 设 $\boldsymbol{A}=\begin{pmatrix}1&0&0&0\\0&1&0&0\\1&2&1&0\\1&1&0&1\end{pmatrix}$,$\boldsymbol{B}=\begin{pmatrix}1&0&1&0\\1&2&0&1\\1&0&4&1\\1&1&2&0\end{pmatrix}$,求 $AB$

**解** 对 $A$,$B$ 施行如下分块:

$$\boldsymbol{A}=\left(\begin{array}{cc:cc}1&0&0&0\\0&1&0&0\\\hdashline 1&2&1&0\\1&1&0&1\end{array}\right)=\begin{pmatrix}\boldsymbol{E}&\boldsymbol{O}\\\boldsymbol{A}_{21}&\boldsymbol{E}\end{pmatrix},$$

$$\boldsymbol{B}=\left(\begin{array}{cc:cc}1&0&1&0\\1&2&0&1\\\hdashline 1&0&4&1\\1&1&2&0\end{array}\right)=\begin{pmatrix}\boldsymbol{B}_{11}&\boldsymbol{E}\\\boldsymbol{B}_{21}&\boldsymbol{B}_{22}\end{pmatrix},$$

则

$$\boldsymbol{AB}=\begin{pmatrix}\boldsymbol{E}&\boldsymbol{O}\\\boldsymbol{A}_{21}&\boldsymbol{E}\end{pmatrix}\begin{pmatrix}\boldsymbol{B}_{11}&\boldsymbol{E}\\\boldsymbol{B}_{21}&\boldsymbol{B}_{22}\end{pmatrix}$$

$$=\begin{pmatrix}\boldsymbol{B}_{11}&\boldsymbol{E}\\\boldsymbol{A}_{21}\boldsymbol{B}_{11}+\boldsymbol{B}_{21}&\boldsymbol{A}_{21}+\boldsymbol{B}_{22}\end{pmatrix}=\begin{pmatrix}1&0&1&0\\1&2&0&1\\4&4&5&3\\3&3&3&1\end{pmatrix}.$$

4. 转置

设 $\boldsymbol{A}=\begin{pmatrix}\boldsymbol{A}_{11}&\cdots&\boldsymbol{A}_{1r}\\\vdots&&\vdots\\\boldsymbol{A}_{s1}&\cdots&\boldsymbol{A}_{sr}\end{pmatrix}$, 则 $\boldsymbol{A}^{\mathrm{T}}=\begin{pmatrix}\boldsymbol{A}_{11}^{\mathrm{T}}&\cdots&\boldsymbol{A}_{s1}^{\mathrm{T}}\\\vdots&&\vdots\\\boldsymbol{A}_{1r}^{\mathrm{T}}&\cdots&\boldsymbol{A}_{sr}^{\mathrm{T}}\end{pmatrix}$.

5. 分块对角阵

设 $\boldsymbol{A}$ 为 $n$ 阶方阵，若 $\boldsymbol{A}$ 的分块矩阵只有在主对角线上有非零子块，其余子块均为零矩阵，且在主对角线上的子块都是方阵，即

$$\boldsymbol{A}=\begin{pmatrix}\boldsymbol{A}_1 & & & \\ & \boldsymbol{A}_2 & & \\ & & \ddots & \\ & & & \boldsymbol{A}_s\end{pmatrix}(\text{其中 } \boldsymbol{A}_1,\boldsymbol{A}_2,\cdots,\boldsymbol{A}_s \text{ 均为方阵})$$

则称 $\boldsymbol{A}$ 为分块对角阵或准对角阵．

容易验证，分块对角阵 $\boldsymbol{A}$ 的行列式有如下性质：

$$|\boldsymbol{A}|=|\boldsymbol{A}_1||\boldsymbol{A}_2|\cdots|\boldsymbol{A}_s|.$$

由此性质可知，若 $|\boldsymbol{A}_i|\neq 0(i=1,2,\cdots,s)$，则 $|\boldsymbol{A}|\neq 0$，并有

$$\boldsymbol{A}^{-1}=\begin{pmatrix}\boldsymbol{A}_1^{-1} & & & \\ & \boldsymbol{A}_2^{-1} & & \\ & & \ddots & \\ & & & \boldsymbol{A}_s^{-1}\end{pmatrix}$$

**例 2.12**　设 $\boldsymbol{A}=\begin{pmatrix}5 & 0 & 0\\ 0 & 3 & 1\\ 0 & 2 & 1\end{pmatrix}$，求 $\boldsymbol{A}^{-1}$.

**解**　$\boldsymbol{A}=\begin{pmatrix}5 & 0 & 0\\ 0 & 3 & 1\\ 0 & 2 & 1\end{pmatrix}=\left(\begin{array}{c:cc}5 & 0 & 0\\ \hdashline 0 & 3 & 1\\ 0 & 2 & 1\end{array}\right)=\begin{pmatrix}\boldsymbol{A}_1 & \boldsymbol{O}\\ \boldsymbol{O} & \boldsymbol{A}_2\end{pmatrix}$，

$$\boldsymbol{A}_1=(5),\boldsymbol{A}_1^{-1}=\left(\frac{1}{5}\right);\boldsymbol{A}_2=\begin{pmatrix}3 & 1\\ 2 & 1\end{pmatrix},\boldsymbol{A}_2^{-1}=\begin{pmatrix}1 & -1\\ -2 & 3\end{pmatrix};$$

所以

$$\boldsymbol{A}^{-1}=\begin{pmatrix}\frac{1}{5} & 0 & 0\\ 0 & 1 & -1\\ 0 & -2 & 3\end{pmatrix}.$$

对矩阵分块时，有两种分块法应特别重视，即矩阵按行分块和按列分块．

设

$$\boldsymbol{A}=\begin{pmatrix}a_{11} & a_{12} & \cdots & a_{1n}\\ a_{21} & a_{22} & \cdots & a_{2n}\\ \vdots & \vdots & & \vdots\\ a_{m1} & a_{m2} & \cdots & a_{mn}\end{pmatrix},$$

若记 $\boldsymbol{\alpha}_i{}^{\mathrm{T}}=(a_{i1},a_{i2},\cdots,a_{in})$，$i=1,2,\cdots m$，则矩阵 $\boldsymbol{A}$ 记为 $\boldsymbol{A}=\begin{pmatrix}\boldsymbol{\alpha}_1^{\mathrm{T}}\\ \boldsymbol{\alpha}_2^{\mathrm{T}}\\ \vdots\\ \boldsymbol{\alpha}_m^{\mathrm{T}}\end{pmatrix}$，称为矩阵按行分块；若记 $\boldsymbol{\beta}_j=\begin{pmatrix}a_{1j}\\ a_{2j}\\ \vdots\\ a_{mj}\end{pmatrix}$，$j=1,2,\cdots,n$，则 $\boldsymbol{A}=(\boldsymbol{\beta}_1,\boldsymbol{\beta}_2,\cdots,\boldsymbol{\beta}_n)$，称为矩阵按列分块．

**例 2.13**　设 $m\times n$ 矩阵 $\boldsymbol{A}$，对于任一 $n$ 维列矩阵 $\boldsymbol{X}$ 都有 $\boldsymbol{AX}=\boldsymbol{O}$，证明：$\boldsymbol{A}=\boldsymbol{O}$.

**证明**　记 $\boldsymbol{\varepsilon}_1=\begin{pmatrix}1\\ 0\\ \vdots\\ 0\end{pmatrix}$，$\boldsymbol{\varepsilon}_2=\begin{pmatrix}0\\ 1\\ \vdots\\ 0\end{pmatrix}$，$\cdots$，$\boldsymbol{\varepsilon}_n=\begin{pmatrix}0\\ 0\\ \vdots\\ 1\end{pmatrix}$，

由已知，得 $\boldsymbol{A\varepsilon}_i=\boldsymbol{O}$，$(i=1,2,\cdots,n)$.

所以

$$\begin{aligned}\boldsymbol{A}&=\boldsymbol{AE}=\boldsymbol{A}(\boldsymbol{\varepsilon}_1,\boldsymbol{\varepsilon}_2,\cdots,\boldsymbol{\varepsilon}_n)\\&=(\boldsymbol{A\varepsilon}_1,\boldsymbol{A\varepsilon}_2,\cdots,\boldsymbol{A\varepsilon}_n)=(0,0,\cdots,0)=\boldsymbol{O}.\end{aligned}$$

## 2.5　矩阵的初等变换和初等矩阵

### 2.5.1　矩阵的初等变换

矩阵的初等变换源于线性方程组消元过程的同解变换，是与矩阵乘法有密切关联的一种矩阵运算，它在求逆矩阵和矩阵的秩，以及解线性方程组中起着重要作用.

**定义 2.11**　对矩阵 $\boldsymbol{A}$ 施行下面三种变换称为矩阵的初等行变换：

(1) 换行变换　互换 $\boldsymbol{A}$ 的两行(记 $r_i\leftrightarrow r_j$)；

(2) 倍乘变换　以数 $k(k\neq0)$乘以 $\boldsymbol{A}$ 的某一行中的所有元素(记 $r_i\times k$)；

(3) 倍加变换　把 $\boldsymbol{A}$ 的某一行所有元素的 $k$ 倍加到另一行对应的元素上(记 $r_i+kr_j$).

若将定义中的“行”换成“列”，则称为矩阵的初等列变换(所有记号是把“$r$”换成“$c$”).

矩阵的初等行变换和初等列变换，统称为矩阵的初等变换．

**例 2.14**　设 $\boldsymbol{A}=\begin{pmatrix}2&4&-1&7\\ 3&0&6&10\\ 1&2&3&-5\end{pmatrix}$，试交换矩阵 $\boldsymbol{A}$ 的第 1 行和第 3 行，并将第 2 列的 2 倍加到第 4 列．

**解**

$$A=\begin{pmatrix}2&4&-1&7\\3&0&6&10\\1&2&3&-5\end{pmatrix}\xrightarrow{r_1\leftrightarrow r_3}\begin{pmatrix}1&2&3&-5\\3&0&6&10\\2&4&-1&7\end{pmatrix}\xrightarrow{c_4+2c_2}\begin{pmatrix}1&2&3&-1\\3&0&6&10\\2&4&-1&15\end{pmatrix}.$$

从以上的变换过程看，这三种初等变换都可逆，且逆变换是同一类型的初等变换．

**定义 2.12**　若矩阵 $\boldsymbol{A}$ 经有限次初等行变换变成矩阵 $\boldsymbol{B}$，则称 $\boldsymbol{A}$ 与 $\boldsymbol{B}$ 行等价，记 $\boldsymbol{A}\overset{r}{\sim}\boldsymbol{B}$；若矩阵 $\boldsymbol{A}$ 经有限次初等列变换变成矩阵 $\boldsymbol{B}$，则称 $\boldsymbol{A}$ 与 $\boldsymbol{B}$ 列等价，记 $\boldsymbol{A}\overset{c}{\sim}\boldsymbol{B}$；若矩阵 $\boldsymbol{A}$ 经有限次初等变换变成矩阵 $\boldsymbol{B}$，则称 $\boldsymbol{A}$ 与 $\boldsymbol{B}$ 等价，记 $\boldsymbol{A}\sim\boldsymbol{B}$.

矩阵的等价关系具有下列性质：

(1) 反身性：$\boldsymbol{A}\sim\boldsymbol{A}$；

(2) 对称性：若 $\boldsymbol{A}\sim\boldsymbol{B}$，则 $\boldsymbol{B}\sim\boldsymbol{A}$；

(3) 传递性：若 $\boldsymbol{A}\sim\boldsymbol{B}$，且 $\boldsymbol{B}\sim\boldsymbol{C}$，则 $\boldsymbol{A}\sim\boldsymbol{C}$.

寻求矩阵 $\boldsymbol{A}$ 的等价矩阵 $\boldsymbol{B}$，是研究线性方程组的解和讨论矩阵秩的有力工具，其过程就是利用矩阵的初等行变换将矩阵化简．先看一个例子．

**例 2.15**　用初等行变换求解线性方程组
$$\begin{cases}2x_1-x_2-x_3+x_4=2,\\x_1+x_2-2x_3+x_4=4,\\4x_1-6x_2+2x_3-2x_4=4,\\3x_1+6x_2-9x_3+7x_4=9.\end{cases}$$

**解**　$\overline{\boldsymbol{A}}=(\boldsymbol{A},\boldsymbol{b})=\begin{pmatrix}2&-1&-1&1&2\\1&1&-2&1&4\\4&-6&2&-2&4\\3&6&-9&7&9\end{pmatrix}$（称 $\overline{\boldsymbol{A}}$ 是该线性方程组的增广矩阵）

$$\xrightarrow[r_3\times\frac{1}{2}]{r_1\leftrightarrow r_2}\begin{pmatrix}1&1&-2&1&4\\2&-1&-1&1&2\\2&-3&1&-1&2\\3&6&-9&7&9\end{pmatrix}\xrightarrow[\substack{r_3-2r_1\\r_4-3r_1}]{r_2-r_1}\begin{pmatrix}1&1&-2&1&4\\0&2&-2&2&0\\0&-5&5&-3&-6\\0&3&-3&4&-3\end{pmatrix}$$

$$\xrightarrow{r_2\times\frac{1}{2}}\begin{pmatrix}1&1&-2&1&4\\0&1&-1&1&0\\0&-5&5&-3&-6\\0&3&-3&4&-3\end{pmatrix}\xrightarrow[r_4-3r_2]{r_3+5r_2}\begin{pmatrix}1&1&-2&1&4\\0&1&-1&1&0\\0&0&0&2&-6\\0&0&0&1&-3\end{pmatrix}$$

$$\xrightarrow{r_3\leftrightarrow r_4}\begin{pmatrix}1&1&-2&1&4\\0&1&-1&1&0\\0&0&0&1&-3\\0&0&0&2&-6\end{pmatrix}\xrightarrow{r_4-2r_3}\begin{pmatrix}1&1&-2&1&4\\0&1&-1&1&0\\0&0&0&1&-3\\0&0&0&0&0\end{pmatrix}=\boldsymbol{B}_1,$$

($\boldsymbol{B}_1$ 称为行阶梯形矩阵)

$$\boldsymbol{B}_1 \xrightarrow[r_1-r_3]{r_{24}-r_3} \begin{pmatrix} 1 & 1 & -2 & 0 & 7 \\ 0 & 1 & -1 & 0 & 3 \\ 0 & 0 & 0 & 1 & -3 \\ 0 & 0 & 0 & 0 & 0 \end{pmatrix} \xrightarrow{r_1-r_2} \begin{pmatrix} 1 & 0 & -1 & 0 & 4 \\ 0 & 1 & -1 & 0 & 3 \\ 0 & 0 & 0 & 1 & -3 \\ 0 & 0 & 0 & 0 & 0 \end{pmatrix} = \boldsymbol{B}_2$$

($\boldsymbol{B}_2$ 称为行最简形矩阵)

$\boldsymbol{B}_2$ 对应的线性方程组为

$$\begin{cases} x_1 \quad -x_3 \qquad\qquad = 4, \\ \qquad x_2 - x_3 \qquad\quad = 3, \\ \qquad\qquad\quad x_4 \quad = -3, \end{cases}$$

取 $x_3=c$,则 $\begin{cases} x_1=c+4, \\ x_2=c+3, \\ x_3=c, \\ x_4=-3, \end{cases}$ 即 $\begin{pmatrix} x_1 \\ x_2 \\ x_3 \\ x_4 \end{pmatrix} = \begin{pmatrix} c \\ c \\ c \\ 0 \end{pmatrix} + \begin{pmatrix} 4 \\ 3 \\ 0 \\ -3 \end{pmatrix} = c\begin{pmatrix} 1 \\ 1 \\ 1 \\ 0 \end{pmatrix} + \begin{pmatrix} 4 \\ 3 \\ 0 \\ -3 \end{pmatrix}$.

显然,$\overline{\boldsymbol{A}} \sim \boldsymbol{B}_1 \sim \boldsymbol{B}_2$. 这种等价关系反映在方程组上则是他们所对应的线性方程组是同解的. 这样就简化了用消元法解方程组的过程. 其中,行阶梯形矩阵 $\boldsymbol{B}_1$ 的特点是:如果把每个非零行的第一个不为零的元素称为主元的话,则下一行主元都在上一行主元的右边,同时零行出现在矩阵的最下端;行最简形矩阵 $\boldsymbol{B}_2$ 的特点是:除了具有 $\boldsymbol{B}_1$ 的特点外,主元都为"1",而包含主元列的其他元素全为"0".

利用归纳法可以证明,对于任何一个矩阵 $\boldsymbol{A}_{m\times n}$,总可以经过有限次初等行变换把它化为行阶梯形矩阵(注意:一个矩阵的行阶梯形矩阵不唯一)和行最简形矩阵. 这是矩阵的一种很重要的运算,由例 2.15 可以看到,要解线性方程组只要将其增广矩阵化为行最简形矩阵,就可以写出方程组的解;反过来,由方程组的解也可以写出行最简形矩阵.

对行最简形矩阵 $\boldsymbol{B}_2$ 再施以初等列变换,可以变成一种形式更简单的矩阵,称为标准形,记为 $\boldsymbol{F}$. 即

$$\boldsymbol{B}_2 = \begin{pmatrix} 1 & 0 & -1 & 0 & 4 \\ 0 & 1 & -1 & 0 & 3 \\ 0 & 0 & 0 & 1 & -3 \\ 0 & 0 & 0 & 0 & 0 \end{pmatrix} \xrightarrow[c_5-4c_1-3c_2+3c_3]{\substack{c_3\leftrightarrow c_4 \\ c_4+c_1+c_2}} \begin{pmatrix} 1 & 0 & 0 & 0 & 0 \\ 0 & 1 & 0 & 0 & 0 \\ 0 & 0 & 1 & 0 & 0 \\ 0 & 0 & 0 & 0 & 0 \end{pmatrix} = \boldsymbol{F} = \begin{pmatrix} \boldsymbol{E}_r & \boldsymbol{O} \\ \boldsymbol{O} & \boldsymbol{O} \end{pmatrix}.$$

标准形矩阵 $\boldsymbol{F}$ 的特点是:其左上角是一个 $r$ 阶的单位矩阵,其余元素全部为 0.

因此,一般有如下结论:

**定理 2.3** 对 $m\times n$ 矩阵 $\boldsymbol{A}$,总能经若干次初等变换(行变换和列变换)把它化成如下标准形

$$A\sim\begin{pmatrix}E_r & O\\ O & O\end{pmatrix}_{m\times n}=F,$$

此标准形由 $m,n,r$ 三个数完全确定，其中 $r$ 就是行阶梯形矩阵中非零行的行数.

如果把所有与 $A$ 等价的矩阵构成的集合称为一个等价类，则标准形 $F$ 就是这个等价类中形式最简单的矩阵.

由定理 2.3 及等价关系的传递性，可得

**推论 2.2**　如果矩阵 $A$ 与 $B$ 有相同的等价标准形，则 $A\sim B$

**推论 2.3**　若 $n$ 阶方阵 $A$ 可逆，则 $A\sim E_n$

由推论 2.3 可得，所有 $n$ 阶可逆方阵都是相互等价的.

**例 2.16**　化矩阵 $A=\begin{pmatrix}1 & -2 & -1 & 0 & 2\\ -2 & 4 & 2 & 6 & -6\\ 2 & -1 & 0 & 2 & 3\\ 3 & 3 & 3 & 3 & 4\end{pmatrix}$ 为标准形.

**解**　对矩阵 $A$ 施以初等变换

$$A\xrightarrow[r_4-3r_1]{\substack{r_2+2r_1\\ r_3-2r_1}}\begin{pmatrix}1 & -2 & -1 & 0 & 2\\ 0 & 0 & 0 & 6 & -2\\ 0 & 3 & 2 & 2 & -1\\ 0 & 9 & 6 & 3 & -2\end{pmatrix}\xrightarrow[r_2\leftrightarrow r_3]{r_4-3r_3}\begin{pmatrix}1 & -2 & -1 & 0 & 2\\ 0 & 3 & 2 & 2 & -1\\ 0 & 0 & 0 & 6 & -2\\ 0 & 0 & 0 & -3 & 1\end{pmatrix}$$

$$\xrightarrow[r_4+r_3]{r_3\times\frac{1}{2}}\begin{pmatrix}1 & -2 & -1 & 0 & 2\\ 0 & 3 & 2 & 2 & -1\\ 0 & 0 & 0 & 3 & -1\\ 0 & 0 & 0 & 0 & 0\end{pmatrix}(\text{行阶梯形矩阵})\xrightarrow{r_1+\frac{2}{3}r_2}\begin{pmatrix}1 & 0 & \frac{1}{3} & \frac{4}{3} & \frac{4}{3}\\ 0 & 3 & 2 & 2 & -1\\ 0 & 0 & 0 & 3 & -1\\ 0 & 0 & 0 & 0 & 0\end{pmatrix}$$

$$\xrightarrow[r_2-\frac{2}{3}r_3]{r_1-\frac{4}{9}r_3}\begin{pmatrix}1 & 0 & \frac{1}{3} & 0 & \frac{16}{9}\\ 0 & 3 & 2 & 0 & -\frac{1}{3}\\ 0 & 0 & 0 & 3 & -1\\ 0 & 0 & 0 & 0 & 0\end{pmatrix}\xrightarrow[r_3\times\frac{1}{3}]{r_2\times\frac{1}{3}}\begin{pmatrix}1 & 0 & \frac{1}{3} & 0 & \frac{16}{9}\\ 0 & 1 & \frac{2}{3} & 0 & -\frac{1}{9}\\ 0 & 0 & 0 & 1 & -\frac{1}{3}\\ 0 & 0 & 0 & 0 & 0\end{pmatrix}(\text{行最简形矩阵})$$

$$\xrightarrow[\substack{c_5-\frac{16}{3}c_1\\ c_4-\frac{2}{3}c_2\\ c_4-\frac{1}{3}c_1}]{\substack{c_5+\frac{1}{9}c_2\\ c_5+\frac{1}{3}c_4\\ c_3\leftrightarrow c_4}}\begin{pmatrix}1&0&0&0&0\\0&1&0&0&0\\0&0&1&0&0\\0&0&0&0&0\end{pmatrix}=\begin{pmatrix}\boldsymbol{E}_3&\boldsymbol{O}\\\boldsymbol{O}&\boldsymbol{O}\end{pmatrix}_{4\times5}.$$

### 2.5.2　初等矩阵的概念及性质

**定义 2.13**　单位矩阵 $\boldsymbol{E}$ 只经过一次初等变换得到的矩阵称为初等矩阵．三种初等变换对应有以下三种初等矩阵：

(1) 换行或换列变换　对换单位矩阵的两行或两列，得初等矩阵

$$\boldsymbol{E}\xrightarrow[\text{或}c_i\leftrightarrow c_j]{r_i\leftrightarrow r_j}\begin{pmatrix}1&&&&&&\\&\ddots&&&&&\\&&0&\cdots&1&&\\&&\vdots&\ddots&\vdots&&\\&&1&\cdots&0&&\\&&&&&\ddots&\\&&&&&&1\end{pmatrix}=\boldsymbol{E}(i,j).$$

(2) 倍乘变换　以数 $k\neq0$ 乘以单位矩阵的某一行或某一列，得初等矩阵

$$\boldsymbol{E}\xrightarrow[\text{或}c_i\times k]{r_i\times k}\begin{pmatrix}1&&&&\\&\ddots&&&\\&&k&&\\&&&\ddots&\\&&&&1\end{pmatrix}=\boldsymbol{E}(i(k)).$$

(3) 倍加变换　以数 $k$ 乘以单位矩阵某一行(或某一列)加到另一行(或列)上，得初等矩阵

$$\boldsymbol{E}\xrightarrow[\text{或}c_j+kc_i]{r_i+kr_j}\begin{pmatrix}1&&&&&\\&\ddots&&&&\\&&1&\cdots&k&\\&&&\ddots&1&\\&&&&&\\&&&&&1\end{pmatrix}=\boldsymbol{E}(i,j(k)).$$

**例 2.17**　对 4 阶单位矩阵分别施行下列初等变换：

(1) 交换 $\boldsymbol{E}$ 的第 2 行和第 3 行

$$\boldsymbol{E}=\begin{pmatrix}1&0&0&0\\0&1&0&0\\0&0&1&0\\0&0&0&1\end{pmatrix}\xrightarrow{r_2\leftrightarrow r_3}\begin{pmatrix}1&0&0&0\\0&0&1&0\\0&1&0&0\\0&0&0&1\end{pmatrix}=\boldsymbol{E}(2,3),$$

(2) 用 3 乘以 $\boldsymbol{E}$ 的第 3 列

$$\boldsymbol{E}=\begin{pmatrix}1&0&0&0\\0&1&0&0\\0&0&1&0\\0&0&0&1\end{pmatrix}\xrightarrow{c_3\times 3}\begin{pmatrix}1&0&0&0\\0&1&0&0\\0&0&3&0\\0&0&0&1\end{pmatrix}=\boldsymbol{E}(3(3)),$$

(3) 用 $-2$ 乘以 $\boldsymbol{E}$ 的第四行加到第二行上

$$\boldsymbol{E}=\begin{pmatrix}1&0&0&0\\0&1&0&0\\0&0&1&0\\0&0&0&1\end{pmatrix}\xrightarrow{r_2+(-2)\times r_4}\begin{pmatrix}1&0&0&0\\0&1&0&-2\\0&0&1&0\\0&0&0&1\end{pmatrix}=\boldsymbol{E}(2,4(-2)).$$

由于矩阵的三种初等变换都可逆，所以初等矩阵也都是可逆矩阵，且逆矩阵仍是同类型的初等矩阵．可以验证

$$(\boldsymbol{E}(i(k)))^{-1}=\boldsymbol{E}(i(\frac{1}{k})),(k\neq 0),$$

$$(\boldsymbol{E}(i,j))^{-1}=\boldsymbol{E}(i,j),$$

$$(\boldsymbol{E}(i,j(k)))^{-1}=\boldsymbol{E}(i,j(-k)).$$

并且 $|\boldsymbol{E}(i(k))|=k$，$|\boldsymbol{E}(i,j(k))|=1$，$|\boldsymbol{E}(i,j)|=-1$.

### 2.5.3　初等矩阵的作用

用 $m$ 阶初等矩阵左乘 $m\times n$ 矩阵 $\boldsymbol{A}$ 与对 $\boldsymbol{A}$ 施行一次初等行变换之间有何联系？下面通过例子来说明．

设

$$\boldsymbol{A}_{4\times 3}=\begin{pmatrix}a_{11}&a_{12}&a_{13}\\a_{21}&a_{22}&a_{23}\\a_{31}&a_{32}&a_{33}\\a_{41}&a_{42}&a_{43}\end{pmatrix},$$

则

$$\boldsymbol{E}(1,3)\boldsymbol{A}=\begin{pmatrix}0&0&1&0\\0&1&0&0\\1&0&0&0\\0&0&0&1\end{pmatrix}\begin{pmatrix}a_{11}&a_{12}&a_{13}\\a_{21}&a_{22}&a_{23}\\a_{31}&a_{32}&a_{33}\\a_{41}&a_{42}&a_{43}\end{pmatrix}=\begin{pmatrix}a_{31}&a_{32}&a_{33}\\a_{21}&a_{22}&a_{23}\\a_{11}&a_{12}&a_{13}\\a_{41}&a_{42}&a_{43}\end{pmatrix}=\boldsymbol{B}_1,$$

上式表明用 $\boldsymbol{E}(1,3)$ 左乘 $\boldsymbol{A}$ 得到的矩阵 $\boldsymbol{B}_1$，相当于对 $\boldsymbol{A}$ 施行了交换第一行和第三行的初等行变换；同样还有

$$\boldsymbol{E}(2(5))\boldsymbol{A}=\begin{pmatrix}1&0&0&0\\0&5&0&0\\0&0&1&0\\0&0&0&1\end{pmatrix}\begin{pmatrix}a_{11}&a_{12}&a_{13}\\a_{21}&a_{22}&a_{23}\\a_{31}&a_{32}&a_{33}\\a_{41}&a_{42}&a_{43}\end{pmatrix}=\begin{pmatrix}a_{11}&a_{12}&a_{13}\\5a_{21}&5a_{22}&5a_{23}\\a_{31}&a_{32}&a_{33}\\a_{41}&a_{42}&a_{43}\end{pmatrix}=\boldsymbol{B}_2,$$

表明 $\boldsymbol{B}_2$ 是对 $\boldsymbol{A}$ 施行第二行乘以常数 $k=5$ 的初等行变换而得到的矩阵；

$$\begin{aligned}\boldsymbol{E}(2,4(-2))\boldsymbol{A}&=\begin{pmatrix}1&0&0&0\\0&1&0&-2\\0&0&1&0\\0&0&0&1\end{pmatrix}\begin{pmatrix}a_{11}&a_{12}&a_{13}\\a_{21}&a_{22}&a_{23}\\a_{31}&a_{32}&a_{33}\\a_{41}&a_{42}&a_{43}\end{pmatrix}\\&=\begin{pmatrix}a_{11}&a_{12}&a_{13}\\a_{21}-2a_{41}&a_{22}-2a_{41}&a_{23}-2a_{41}\\a_{31}&a_{32}&a_{33}\\a_{41}&a_{42}&a_{43}\end{pmatrix}=\boldsymbol{B}_3,\end{aligned}$$

表明 $\boldsymbol{B}_3$ 是对 $\boldsymbol{A}$ 施行第四行乘以常数 $k=-2$ 加到第二行的初等变换而得到的矩阵 .

类似地，可以验证对 $\boldsymbol{A}$ 施行一次初等列变换，只要分别用三种 3 阶初等矩阵右乘以矩阵 $\boldsymbol{A}$ 就能实现 . 因此，一般可得如下定理 .

**定理 2.4** 设 $\boldsymbol{A}$ 为 $m\times n$ 矩阵，对 $\boldsymbol{A}$ 施行一次初等行变换，相当于在 $\boldsymbol{A}$ 的左边乘以相应的 $m$ 阶初等矩阵；对 $\boldsymbol{A}$ 施行一次初等列变换，相当于在 $\boldsymbol{A}$ 的右边乘以相应的 $n$ 阶初等矩阵 . 即

(1) $\boldsymbol{A}\xrightarrow{r_i\leftrightarrow r_j}\boldsymbol{B}=\boldsymbol{E}(i,j)\boldsymbol{A}$, $\boldsymbol{A}\xrightarrow{c_i\leftrightarrow c_j}\boldsymbol{B}=\boldsymbol{A}\boldsymbol{E}(i,j)$；

(2) $\boldsymbol{A}\xrightarrow{r_i\times k}\boldsymbol{B}=\boldsymbol{E}(i(k))\boldsymbol{A}$, $\boldsymbol{A}\xrightarrow{c_i\times k}\boldsymbol{B}=\boldsymbol{A}\boldsymbol{E}(i(k))$；

(3) $\boldsymbol{A}\xrightarrow{r_i+kr_j}\boldsymbol{B}=\boldsymbol{E}(i,j(k))\boldsymbol{A}$, $\boldsymbol{A}\xrightarrow{c_j+kc_i}\boldsymbol{B}=\boldsymbol{A}\boldsymbol{E}(j,i(k))$.

### 2.5.4 初等矩阵的应用

**定理 2.5** 方阵 $\boldsymbol{A}$ 可逆的充分必要条件是存在有限个初等矩阵 $\boldsymbol{P}_1,\boldsymbol{P}_2,\cdots,\boldsymbol{P}_l$，使得

$$\boldsymbol{A}=\boldsymbol{P}_1\boldsymbol{P}_2\cdots\boldsymbol{P}_l.$$

**证明**　(充分性)设 $\boldsymbol{A}=\boldsymbol{P}_1\boldsymbol{P}_2\cdots\boldsymbol{P}_l$，因为初等矩阵均可逆，所以有限个可逆矩阵的乘积仍可逆．故 $\boldsymbol{A}$ 可逆．

(必要性)设 $n$ 阶方阵 $\boldsymbol{A}$ 可逆，且 $\boldsymbol{A}$ 的标准形矩阵为 $\boldsymbol{F}$，由于 $\boldsymbol{F}\sim\boldsymbol{A}$，所以 $\boldsymbol{F}$ 经过有限次初等变换可化为矩阵 $\boldsymbol{A}$，即存在初等矩阵 $\boldsymbol{P}_1,\boldsymbol{P}_2,\cdots,\boldsymbol{P}_l$，使得

$$\boldsymbol{A}=\boldsymbol{P}_1\boldsymbol{P}_2\cdots\boldsymbol{P}_s\boldsymbol{F}\boldsymbol{P}_{s+1}\cdots\boldsymbol{P}_l.$$

因为 $\boldsymbol{A}$ 可逆，$\boldsymbol{P}_1,\boldsymbol{P}_2,\cdots,\boldsymbol{P}_l$ 也都可逆，故标准形矩阵 $\boldsymbol{F}$ 可逆．假设

$$\boldsymbol{F}=\begin{pmatrix}\boldsymbol{E}_r & \boldsymbol{O}\\ \boldsymbol{O} & \boldsymbol{O}\end{pmatrix}_{n\times n}$$

中的 $r<n$，则 $|\boldsymbol{F}|=0$，而这与 $\boldsymbol{F}$ 可逆矛盾，因此必有 $r=n$，即 $\boldsymbol{F}=\boldsymbol{E}$，从而

$$\boldsymbol{A}=\boldsymbol{P}_1\boldsymbol{P}_2\cdots\boldsymbol{P}_l$$

此定理说明，可逆方阵的标准形是单位矩阵．因此有如下推论：

**推论 2.4**　方阵 $\boldsymbol{A}$ 可逆的充分必要条件是 $\boldsymbol{A}\overset{r}{\sim}\boldsymbol{E}$.

**推论 2.5**　$m\times n$ 矩阵 $\boldsymbol{A}$ 与 $\boldsymbol{B}$ 等价的充分必要条件是存在 $m$ 阶可逆矩阵 $\boldsymbol{P}$ 及 $n$ 阶可逆矩阵 $\boldsymbol{Q}$，使得 $\boldsymbol{PAQ}=\boldsymbol{B}$.

定理 2.5 提供了一个求可逆矩阵的方法，$\boldsymbol{A}$ 是 $n$ 阶可逆矩阵，则存在有限个初等矩阵 $\boldsymbol{P}_1,\boldsymbol{P}_2,\cdots,\boldsymbol{P}_l$，使得

$$\boldsymbol{A}=\boldsymbol{P}_1\boldsymbol{P}_2\cdots\boldsymbol{P}_l,$$

于是

$$\boldsymbol{A}^{-1}=\boldsymbol{P}_l^{-1}\cdots\boldsymbol{P}_2^{-1}\boldsymbol{P}_1^{-1},$$

从而

$$\boldsymbol{P}_l^{-1}\cdots\boldsymbol{P}_2^{-1}\boldsymbol{P}_1^{-1}\boldsymbol{A}=\boldsymbol{E}.$$

即

$$\boldsymbol{P}_l^{-1}\cdots\boldsymbol{P}_2^{-1}\boldsymbol{P}_1^{-1}\boldsymbol{E}=\boldsymbol{A}^{-1},$$

所以　由 $\boldsymbol{P}_l^{-1}\cdots\boldsymbol{P}_2^{-1}\boldsymbol{P}_1^{-1}\boldsymbol{A}=\boldsymbol{E}$ 和 $\boldsymbol{P}_l^{-1}\cdots\boldsymbol{P}_2^{-1}\boldsymbol{P}_1^{-1}\boldsymbol{E}=\boldsymbol{A}^{-1}$，可得

$$\boldsymbol{P}_l^{-1}\cdots\boldsymbol{P}_2^{-1}\boldsymbol{P}_1^{-1}(\boldsymbol{A},\boldsymbol{E})=(\boldsymbol{E},\boldsymbol{A}^{-1}),$$

即

$$(\boldsymbol{A},\boldsymbol{E})\overset{r}{\sim}(\boldsymbol{E},\boldsymbol{A}^{-1}).$$

上式表明，只要对 $(\boldsymbol{A},\boldsymbol{E})$ 作初等行变换，使 $(\boldsymbol{A},\boldsymbol{E})$ 左边的 $\boldsymbol{A}$ 变成 $\boldsymbol{E}$，则在同样的初等行变换下，右边的 $\boldsymbol{E}$ 就变成 $\boldsymbol{A}^{-1}$．把这种通过矩阵的初等行变换求可逆矩阵的方法称为初等行变换求逆法．

**例 2.18**　用初等行变换法求 $\boldsymbol{A}=\begin{pmatrix}1&2&3\\2&2&1\\3&4&3\end{pmatrix}$ 的逆矩阵 $\boldsymbol{A}^{-1}$.

**解**　对 $(\boldsymbol{A},\boldsymbol{E})$ 作初等行变换：

$$(\boldsymbol{A},\boldsymbol{E})=\left(\begin{array}{ccc:ccc}1&2&3&1&0&0\\2&2&1&0&1&0\\3&4&3&0&0&1\end{array}\right)\xrightarrow[r_3-3r_1]{r_2-2r_1}\left(\begin{array}{ccc:ccc}1&2&3&1&0&0\\0&-2&-5&-2&1&0\\0&-2&-6&-3&0&1\end{array}\right)$$

$$\xrightarrow[r_3-r_2]{r_1+r_2}\left(\begin{array}{ccc:ccc}1&0&-2&-1&1&0\\0&-2&-5&-2&1&0\\0&0&-1&-1&-1&1\end{array}\right)\xrightarrow[r_2-5r_3]{r_1-2r_3}\left(\begin{array}{ccc:ccc}1&0&0&1&3&-2\\0&-2&0&3&6&-5\\0&0&-1&-1&-1&1\end{array}\right)$$

$$\xrightarrow[r_3\times(-1)]{r_2\times\left(-\frac{1}{2}\right)}\left(\begin{array}{ccc:ccc}1&0&0&1&3&-2\\0&1&0&-\frac{3}{2}&-3&-\frac{5}{2}\\0&0&1&1&1&-1\end{array}\right),$$

所以
$$A^{-1}=\begin{pmatrix}1&3&-2\\-\frac{3}{2}&-3&\frac{5}{2}\\1&1&-1\end{pmatrix}.$$

特别地，设$A=\begin{pmatrix}A_1&&&\\&A_2&&\\&&\ddots&\\&&&A_s\end{pmatrix}$，其中$A,A_1,A_2,\cdots A_s$均为方阵，且$A$可逆，

$$A^{-1}=\begin{pmatrix}A_1{}^{-1}&&&\\&A_2{}^{-1}&&\\&&\ddots&\\&&&A_s{}^{-1}\end{pmatrix}.$$

上述初等行变换求逆矩阵的方法，还可以用于求解矩阵方程$AX=B$. 由$A^{-1}(A,B)=(E,A^{-1}B)$，对$n\times 2n$矩阵$(A,B)$施行初等行变换，当前$n$列($A$的位置)化为$E$时，则后$n$列($B$的位置)化为$A^{-1}B$，从而得$X=A^{-1}B$.

**例 2.19**　求解矩阵方程$AX=B$，其中$A=\begin{pmatrix}1&2&3\\2&2&1\\3&4&3\end{pmatrix}$，$B=\begin{pmatrix}2&5\\3&1\\4&3\end{pmatrix}$.

**解**　由于$|A|=2\neq0$，所以$A$可逆，从而$X=A^{-1}B$，

$$(A,B)=\left(\begin{array}{ccc:cc}1&2&3&2&5\\2&2&1&3&1\\3&4&3&4&3\end{array}\right)\xrightarrow[r_3-3r_1]{r_2-2r_1}\left(\begin{array}{ccc:cc}1&2&3&2&5\\0&-2&-5&-1&-9\\0&-2&-6&-2&-12\end{array}\right)$$

$$\xrightarrow[r_3-r_2]{r_1+r_2}\left(\begin{array}{ccc:cc}1&0&-2&1&-4\\0&-2&-5&-1&-9\\0&0&-1&-1&-3\end{array}\right)\xrightarrow[r_2-5r_3]{r_1-2r_3}\left(\begin{array}{ccc:cc}1&0&0&3&2\\0&-2&0&4&6\\0&0&-1&-1&-3\end{array}\right)$$

$$\xrightarrow[r_3\times(-1)]{r_2\times(-\frac{1}{2})}\left(\begin{array}{ccc:cc}1&0&0&3&2\\0&1&0&-2&-3\\0&0&1&1&3\end{array}\right),$$

故

$$X=\begin{pmatrix}3 & 2\\-2 & -3\\1 & 3\end{pmatrix}.$$

## 2.6　矩阵的秩

由定理 2.3 已经知道，对 $m\times n$ 矩阵 $\boldsymbol{A}$，总能经若干次初等变换(行变换和列变换)把它化成标准形 $\boldsymbol{A}\sim\begin{pmatrix}\boldsymbol{E}_r & \boldsymbol{O}\\ \boldsymbol{O} & \boldsymbol{O}\end{pmatrix}_{m\times n}=\boldsymbol{F}$，此标准形由 $m,n,r$ 三个数完全确定，其中 $r$ 就是行阶梯形矩阵中非零行的行数，且标准形 $\boldsymbol{F}$ 就是与 $\boldsymbol{A}$ 等价的所有矩阵中形式最简单的矩阵．那么 $\boldsymbol{F}$ 中的 $r$ 有何意义，它是否能够反映矩阵 $\boldsymbol{A}$ 的某种属性呢？这就是本节要讨论的问题．

### 2.6.1　矩阵秩的概念

**定义 2.14**　在 $m\times n$ 矩阵 $\boldsymbol{A}$ 中，任取 $k$ 行 $k$ 列($k\leqslant m,k\leqslant n$)，位于这些行列交叉点上的 $k^2$ 个元素按照 $\boldsymbol{A}$ 中的原来顺序排列成的 $k$ 阶行列式

$$\begin{vmatrix}a_{i_1j_1} & a_{i_1j_2} & \cdots & a_{i_1j_k}\\ a_{i_2j_1} & a_{i_2j_2} & \cdots & a_{i_2j_k}\\ \vdots & \vdots & & \vdots\\ a_{i_kj_1} & a_{i_kj_2} & \cdots & a_{i_kj_k}\end{vmatrix}$$

称为矩阵 $\boldsymbol{A}$ 的 $k$ 阶子式，记作 $D_k$．

由排列组合知，$m\times n$ 矩阵 $\boldsymbol{A}$ 的 $k$ 阶子式共有 $C_m^k\cdot C_n^k$ 个；且 $1\leqslant k\leqslant\min\{m,n\}$．

特别地，当 $\boldsymbol{A}$ 是 $n$ 阶方阵时，$k\leqslant n$，且 $\boldsymbol{A}$ 的最高阶子式就是 $|\boldsymbol{A}|$．

**定义 2.15**　设 $m\times n$ 矩阵 $\boldsymbol{A}$ 中有一个 $r$ 阶子式 $D_r\neq0$，并且所有的 $r+1$ 阶子式(如果存在)全为零，则称 $D_r$ 为 $\boldsymbol{A}$ 的最高阶非零子式，数 $r$ 称为 $\boldsymbol{A}$ 的秩，记 $r=R(\boldsymbol{A})$．

规定零矩阵的秩等于零，即 $\boldsymbol{R}(\boldsymbol{O})=0$．

由矩阵秩的定义和行列式的性质可知：

(1) 在 $\boldsymbol{A}$ 中当所有 $r+1$ 阶子式全为 0 时，所有高于 $r+1$ 阶的子式也全等于 0，因此把 $r$ 阶非零子式称为最高阶非零子式，而 $\boldsymbol{A}$ 的秩 $R(\boldsymbol{A})$ 就是 $\boldsymbol{A}$ 中不等于 0 的子式的最高阶数；

(2) 若 $\boldsymbol{A}$ 是 $m\times n$ 矩阵，则 $0\leqslant R(\boldsymbol{A})\leqslant\min\{m,n\}$；

(3) 当 $n$ 阶方阵 $\boldsymbol{A}$ 的行列式 $|\boldsymbol{A}|\neq0$，则 $R(\boldsymbol{A})=n$，此时称 $\boldsymbol{A}$ 为满秩矩阵；反

之，当 $n$ 阶方阵 $\boldsymbol{A}$ 的秩 $R(\boldsymbol{A})=n$，则 $|\boldsymbol{A}|\neq 0$. 否则称 $\boldsymbol{A}$ 为降秩矩阵．

因此，$n$ 阶方阵 $\boldsymbol{A}$ 可逆的充分必要条件是 $R(\boldsymbol{A})=n$，即 $\boldsymbol{A}$ 为满秩矩阵．

(4) 若 $\boldsymbol{A}$ 有一个 $r$ 阶子式不为零，则 $R(\boldsymbol{A})\geqslant r$；若 $\boldsymbol{A}$ 的所有 $r+1$ 阶的子式全为零，则 $R(\boldsymbol{A})\leqslant r$.

### 2.6.2 矩阵秩的求法

**例 2.20** 求矩阵 $\boldsymbol{A}=\begin{pmatrix}2&-1&1&2\\1&1&-1&2\\2&-4&4&0\end{pmatrix}$ 的秩．

**解** 在 $\boldsymbol{A}=\begin{pmatrix}2&-1&1&2\\1&1&-1&2\\2&-4&4&0\end{pmatrix}$ 中，易知 2 阶子式 $\begin{vmatrix}2&-1\\1&1\end{vmatrix}=3\neq 0$，所有 3 阶子式

$$\begin{vmatrix}2&-1&1\\1&1&-1\\2&-4&4\end{vmatrix}=0,\begin{vmatrix}2&-1&2\\1&1&2\\2&-4&0\end{vmatrix}=0,\begin{vmatrix}-1&1&2\\1&-1&2\\-4&4&0\end{vmatrix}=0,$$

故

由矩阵秩的定义，得

$$R(\boldsymbol{A})=2.$$

一般来说，通过试算一个矩阵的各阶子式的方法来计算矩阵的秩是很不方便的．但是对于行阶梯形矩阵，其秩是很容易计算的，如矩阵

$$\boldsymbol{B}=\begin{pmatrix}2&-1&0&3&-2\\0&3&1&-2&5\\0&0&0&4&-3\\0&0&0&0&0\end{pmatrix}.$$

显然，$\boldsymbol{B}$ 的非零行有 3 行，即易知 $\boldsymbol{B}$ 的所有 4 阶子式全为零，而以三个非零行的第一个非零元(即主元)为对角元的 3 阶行列式 $\begin{vmatrix}2&-1&3\\0&3&-2\\0&0&4\end{vmatrix}=24\neq 0$，由秩的定义，$R(\boldsymbol{B})=3$.

由此可见，对于行阶梯形矩阵，它的秩就等于非零行的行数，也等于主元的个数．因此自然就想到用矩阵的初等变换化矩阵为行阶梯形矩阵，但两个等价矩阵的秩是否相等呢？

**定理 2.6** 若 $\boldsymbol{A}\sim\boldsymbol{B}$，则 $R(\boldsymbol{A})=R(\boldsymbol{B})$.

**证明**(略).

根据这一定理，为求矩阵的秩，只要把矩阵用初等行变换化成行阶梯形矩阵，行阶梯形矩阵中非零行的行数和主元的个数即为该矩阵的秩．

**例 2.21**　求 $A=\begin{pmatrix}3&2&0&5&0\\3&-2&3&6&-1\\2&0&1&5&-3\\1&6&-4&-1&4\end{pmatrix}$ 的秩及一个最高阶非零子式．

**解**　用初等行变换化 $A$ 为行阶梯形矩阵：

$$A=\begin{pmatrix}3&2&0&5&0\\3&-2&3&6&-1\\2&0&1&5&-3\\1&6&-4&-1&4\end{pmatrix}\xrightarrow[\substack{r_3-2r_1\\r_4-3r_1}]{\substack{r_1\leftrightarrow r_4\\r_2-r_4}}\begin{pmatrix}1&6&-4&-1&4\\0&-4&3&1&-1\\0&-12&9&7&-11\\0&-16&12&8&-12\end{pmatrix}$$

$$\xrightarrow[r_4-4r_2]{r_3-3r_2}\begin{pmatrix}1&6&-4&-1&4\\0&-4&3&1&-1\\0&0&0&4&-8\\0&0&0&4&-8\end{pmatrix}\xrightarrow{r_4-r_3}\begin{pmatrix}1&6&-4&-1&4\\0&-4&3&1&-1\\0&0&0&4&-8\\0&0&0&0&0\end{pmatrix}=B_1.$$

因为矩阵 $B_1$ 中非零行的行数为 3，所以 $R(A)=3$.

再求 $A$ 的一个最高阶非零子式．因为 $R(A)=3$，所以 $A$ 的最高阶非零子式为 3 阶．而 $A$ 的 3 阶子式共有 $C_4^3C_5^3=40$ 个，要从 40 个子式中找出一个非零子式还是比较麻烦的．但考查与 $A$ 等价的行阶梯形矩阵 $B_1$，其每一行主元所在的列为第一、二、四列，这三列所构成的矩阵为 $B_2=\begin{pmatrix}1&6&-1\\0&-4&1\\0&0&4\\0&0&0\end{pmatrix}$，易知 $R(B_2)=3$，所以 $B_2$ 中必有 3 阶非零子式．而 $B_2$ 中 3 阶子式共有 4 个，显然在 $B_2$ 中找一个 3 阶非零子式比在 $A$ 中找一个 3 阶非零子式要容易得多．而 $B_2$ 中前三行构成的子式

$$\begin{vmatrix}1&6&-1\\0&-4&1\\0&0&4\end{vmatrix}=-16\neq0,$$

对应在 $A$ 中的三阶子式为 $\begin{vmatrix}3&2&5\\3&-2&6\\2&0&5\end{vmatrix}=-16\neq0$，因此 $\begin{vmatrix}3&2&5\\3&-2&6\\2&0&5\end{vmatrix}$ 是 $A$ 的一个最高阶非零子式．

**例 2.22**　设矩阵 $A=\begin{pmatrix}1&-1&1&2\\3&\lambda&-1&2\\5&3&\mu&6\end{pmatrix}$，已知 $R(A)=2$，求 $\lambda$ 与 $\mu$ 的值．

**解** 对 $\boldsymbol{A}$ 施行初等行变换化为行阶梯形：

$$\boldsymbol{A}=\begin{pmatrix}1&-1&1&2\\3&\lambda&-1&2\\5&3&\mu&6\end{pmatrix}\xrightarrow[r_3-5r_1]{r_2-3r_1}\begin{pmatrix}1&-1&1&2\\0&\lambda+3&-4&-4\\0&8&\mu-5&-4\end{pmatrix}\xrightarrow{r_3-r_2}\begin{pmatrix}1&-1&1&2\\0&\lambda+3&-4&-4\\0&5-\lambda&\mu-1&0\end{pmatrix}.$$

因为 $R(\boldsymbol{A})=2$，故 $\begin{cases}5-\lambda=0\\\mu-1=0\end{cases}$，即 $\begin{cases}\lambda=5\\\mu=1\end{cases}$.

### 2.6.3 矩阵秩的性质

由秩的定义以及矩阵的运算规则，可得矩阵的秩有如下性质：

设 $\boldsymbol{A}$ 是 $m\times n$ 矩阵，$\boldsymbol{A}$ 的秩为 $R(\boldsymbol{A})$，并假设所涉及的运算都是可进行的.

(1) $0\leqslant R(\boldsymbol{A})\leqslant\min\{m,n\}$；

(2) $R(\boldsymbol{A})=R(\boldsymbol{A}^{\mathrm{T}})$；$R(k\boldsymbol{A})=R(\boldsymbol{A})$，$k\neq0$；

(3) $R(\boldsymbol{AB})\leqslant\min\{R(\boldsymbol{A}),R(\boldsymbol{B})\}$；

(4) 若矩阵 $\boldsymbol{P}_{m\times m}$，$\boldsymbol{Q}_{n\times n}$ 均可逆，则 $R(\boldsymbol{PAQ})=R(\boldsymbol{A})$；

(5) $\max\{R(\boldsymbol{A}),R(\boldsymbol{B})\}\leqslant R(\boldsymbol{A},\boldsymbol{B})\leqslant R(\boldsymbol{A})+R(\boldsymbol{B})$；

(6) $R(\boldsymbol{A}+\boldsymbol{B})\leqslant R(\boldsymbol{A})+R(\boldsymbol{B})$；

(7) 若 $\boldsymbol{A}_{m\times n}\boldsymbol{B}_{n\times l}=\boldsymbol{0}$，则 $R(\boldsymbol{A})+R(\boldsymbol{B})\leqslant n$.

利用这些性质可以做一些证明题.

**例 2.23** 设 $\boldsymbol{A}$ 是 $n$ 阶方阵，证明 $R(\boldsymbol{A}+\boldsymbol{E})+R(\boldsymbol{A}-\boldsymbol{E})\geqslant n$.

**证明** 因为 $(\boldsymbol{A}+\boldsymbol{E})+(\boldsymbol{E}-\boldsymbol{A})=2\boldsymbol{E}$，由性质 6 可得，

$$R(\boldsymbol{A}+\boldsymbol{E})+R(\boldsymbol{E}-\boldsymbol{A})\geqslant R(2E)=n,$$

再由性质 2 知，
$$R(\boldsymbol{A}-\boldsymbol{E})=R(\boldsymbol{E}-\boldsymbol{A}),$$

所以
$$R(\boldsymbol{A}+\boldsymbol{E})+R(\boldsymbol{A}-\boldsymbol{E})\geqslant n.$$

矩阵的秩是矩阵本身所固有的一种属性，反映了矩阵所代表的线性变换的一种不变性，即矩阵的初等变换不改变矩阵的秩，这一点对于我们求解线性方程组的解很有帮助.

## 2.7 线性方程组的解

在第 1 章已经研究过一类特殊的线性方程组，即线性方程组所含方程的个数等于未知量的个数，且方程组的系数行列式不等于零的情形. 求解线性方程组是线性代数最主要的内容之一，这类问题在科学技术与经济管理领域有着广泛的应用，因而有必要从更普遍的角度来讨论线性方程组的一般理论.

由例 2.15 解题过程可以看出，用消元法求解线性方程组的具体作法就是对方程组的系数矩阵 $\boldsymbol{A}$ 和常数项的列矩阵 $\boldsymbol{b}$（即增广矩阵 $\overline{\boldsymbol{A}}=(\boldsymbol{A},\boldsymbol{b})$）实施初等行变换的过程.

而消元法的目的就是利用矩阵的初等行变换将方程组的增广矩阵化为阶梯形矩阵或行最简形矩阵，显然这两个矩阵对应的方程组与原线性方程组同解，解行最简形矩阵对应的方程组就可得原方程组的解．简而言之，用消元法解线性方程组的过程，就相当于对该方程组的增广矩阵进行初等行变换．这一结论对一般的线性方程组是否成立呢？答案是肯定的．下面就一般的线性方程组求解的问题进行讨论．

设线性方程组

$$\begin{cases} a_{11}x_1+a_{12}x_2+\cdots+a_{1n}x_n=b_1, \\ a_{21}x_1+a_{22}x_2+\cdots+a_{2n}x_n=b_2, \\ \cdots\cdots \\ a_{m1}x_1+a_{m2}x_2+\cdots+a_{mn}x_n=b_m, \end{cases} \tag{2.1}$$

其矩阵形式为

$$\boldsymbol{AX}=\boldsymbol{b}, \tag{2.2}$$

其中

$$\boldsymbol{A}=\begin{pmatrix} a_{11} & a_{12} & \cdots & a_{1n} \\ a_{21} & a_{22} & \cdots & a_{2n} \\ \cdots & \cdots & & \cdots \\ a_{m1} & a_{m2} & \cdots & a_{mn} \end{pmatrix}, \boldsymbol{X}=\begin{pmatrix} x_1 \\ x_2 \\ \vdots \\ x_n \end{pmatrix}, \boldsymbol{b}=\begin{pmatrix} b_1 \\ b_2 \\ \vdots \\ b_m \end{pmatrix},$$

称矩阵$(\boldsymbol{A},b)$(简记为$\overline{\boldsymbol{A}}$)为线性方程组(2.1)的增广矩阵．

如果把系数矩阵 $\boldsymbol{A}$ 按列分成 $n$ 块 $\boldsymbol{\alpha}_1,\boldsymbol{\alpha}_2,\cdots,\boldsymbol{\alpha}_n$，则与 $\boldsymbol{A}$ 相乘的 $X$ 对应的按行分成 $n$ 块，从而线性方程组(2.1)还可以表示为

$$x_1\boldsymbol{\alpha}_1+x_2\boldsymbol{\alpha}_2+\cdots+x_n\boldsymbol{\alpha}_n=\boldsymbol{b}. \tag{2.3}$$

当 $b_i=0,i=1,2,\cdots,m$ 时，线性方程组(2.1)称为齐次的；否则称为非齐次的．显然，齐次线性方程组的矩阵形式为

$$\boldsymbol{AX}=\boldsymbol{0}. \tag{2.4}$$

**定理 2.7**　$n$ 元齐次线性方程组 $\boldsymbol{A}_{m\times n}\boldsymbol{X}=\boldsymbol{0}$ 有非零解的充分必要条件是其系数矩阵的秩 $R(\boldsymbol{A})<n$.

**证明**　必要性．设方程组 $\boldsymbol{A}_{m\times n}\boldsymbol{X}=\boldsymbol{0}$ 有非零解．

假设 $R(\boldsymbol{A})=n$，则在 $\boldsymbol{A}$ 中应有一个 $n$ 阶非零子式 $D_n$，根据克拉默法则，$D_n$ 所对应的 $n$ 个方程只有零解，与假设矛盾，故 $R(\boldsymbol{A})<n$..

充分性．设 $R(\boldsymbol{A})=s<n$.，则 $\boldsymbol{A}$ 的行阶梯形矩阵只含有 $s$ 个非零行，从而知其有 $n-s$ 个自由未知量．任取一个自由未知量为 1，其余自由未知量为 0. 即可得到方程组的一个非零解．

**定理 2.8**　$n$ 元非齐次线性方程组 $\boldsymbol{AX}=\boldsymbol{b}$ 有解的充分必要条件是其系数矩阵 $\boldsymbol{A}$ 的秩等于增广矩阵$\overline{\boldsymbol{A}}=(\boldsymbol{A},\boldsymbol{b})$的秩，即 $R(\boldsymbol{A})=R(\overline{\boldsymbol{A}})$.

**证明** 必要性．设线性方程组 $\boldsymbol{AX}=\boldsymbol{b}$ 有解，但 $R(\boldsymbol{A})\neq R(\overline{\boldsymbol{A}})$．则$\overline{\boldsymbol{A}}$的行最简形矩阵中最后一个非零行是矛盾方程，这与方程组有解矛盾，因此 $R(\boldsymbol{A})=R(\overline{\boldsymbol{A}})$．

充分性．$R(\boldsymbol{A})=R(\overline{\boldsymbol{A}})=s\leqslant n$，则$\overline{\boldsymbol{A}}$的行最简形矩阵中含有 $s$ 个非零行，把这 $s$ 行的第一个非零元所对应的未知量作为非自由量(或称为主变量)，其余 $n-s$ 个作为自由未知量，并令这 $n-s$ 个自由未知量全为零，即可得方程组的一个解．

**注 2.11** 定理 2.8 的证明实际上给出了求解线性方程组的方法．

上述内容可简要总结如下：

(1) $\boldsymbol{AX}=\boldsymbol{b}$ 有惟一解$\Leftrightarrow R(\boldsymbol{A})=R(\overline{\boldsymbol{A}})=n$；

(2) $\boldsymbol{AX}=\boldsymbol{b}$ 有无穷多解$\Leftrightarrow R(\boldsymbol{A})=R(\overline{\boldsymbol{A}})<n$；

(3) $\boldsymbol{AX}=\boldsymbol{b}$ 无解$\Leftrightarrow R(\boldsymbol{A})\neq R(\overline{\boldsymbol{A}})$；

(4) $\boldsymbol{AX}=\boldsymbol{0}$ 只有零解$\Leftrightarrow R(\boldsymbol{A})=n$；

(5) $\boldsymbol{AX}=\boldsymbol{0}$ 有非零解$\Leftrightarrow R(\boldsymbol{A})<n$.

在应用中，对非齐次线性方程组，将增广矩阵$\overline{\boldsymbol{A}}$化为行阶梯形矩阵，即可判断其是否有解，若有解，再将其化为行最简形矩阵，就可直接写出其全部解．其中要注意，当 $R(\boldsymbol{A})=R(\overline{\boldsymbol{A}})=r<n$ 时，$\overline{\boldsymbol{A}}$的行最简形矩阵中含有 $r$ 个非零行，把这 $r$ 行的第一个非零元所对应的未知量作为非自由量(主变量)，其余 $n-r$ 个作为自由未知量，并令自由未知量分别等于 $n-r$ 个常数，由$\overline{\boldsymbol{A}}$的行最简形矩阵，即可写出所求线性方程组的解．

对齐次线性方程组，将其系数矩阵化为行最简形矩阵，便可直接写出其全部解.

**例 2.24** 求解齐次线性方程组

$$\begin{cases}x_1+2x_2+2x_3+x_4=0,\\2x_1+x_2-2x_3-2x_4=0,\\x_1-x_2-4x_3-3x_4=0.\end{cases}$$

**解** 对系数矩阵 $\boldsymbol{A}$ 施以初等行变换化为行最简形矩阵：

$$\boldsymbol{A}=\begin{pmatrix}1&2&2&1\\2&1&-2&-2\\1&-1&-4&-3\end{pmatrix}\xrightarrow[r_3-r_1]{r_2-2r_1}\begin{pmatrix}1&2&2&1\\0&-3&-6&-4\\0&-3&-6&-4\end{pmatrix}$$

$$\xrightarrow[-\frac{1}{3}\times r_2]{r_3-r_2}\begin{pmatrix}1&2&2&1\\0&1&2&\frac{4}{3}\\0&0&0&0\end{pmatrix}\xrightarrow{r_1-2r_2}\begin{pmatrix}1&0&-2&-\frac{5}{3}\\0&1&2&\frac{4}{3}\\0&0&0&0\end{pmatrix},$$

即 与原方程组同解的方程组为 $\begin{cases}x_1\qquad-2x_3-\dfrac{5}{3}x_4=0,\\ \qquad x_2+2x_3+\dfrac{4}{3}x_4=0.\end{cases}$

由此可得，

$$\begin{cases} x_1=2x_3+\dfrac{5}{3}x_4, \\ x_2=-2x_3-\dfrac{4}{3}x_4, \end{cases}$$

其中 $x_3,x_4$ 为自由未知量，不妨令 $x_3=c_1,x_4=c_2$，把它写成通常的参数形式：

$$\begin{cases} x_1=2c_1+\dfrac{5}{3}c_2, \\ x_2=-2c_1-\dfrac{4}{3}c_2, \\ x_3=c_1, \\ x_4=c_2. \end{cases}$$

其中 $c_1,c_2$ 为任意实数.

或记为

$$\begin{pmatrix} x_1\\ x_2\\ x_3\\ x_4 \end{pmatrix}=\begin{pmatrix} 2c_1+\dfrac{5}{3}c_2\\ -2c_1-\dfrac{4}{3}c_2\\ c_1\\ c_2 \end{pmatrix}=c_1\begin{pmatrix} 2\\ -2\\ 1\\ 0 \end{pmatrix}+c_2\begin{pmatrix} \dfrac{5}{3}\\ -\dfrac{4}{3}\\ 0\\ 1 \end{pmatrix}.$$

**例 2.25**　求解非线性方程组 $\begin{cases} x_1+\ x_2-3x_3-\ x_4=1\\ 3x_1-\ x_2-3x_3+4x_4=4.\\ x_1+5x_2-9x_3-8x_4=0 \end{cases}$

**解**　对已知线性方程组的增广矩阵$\overline{\mathbf{A}}$实施初等行变换化为行最简形矩阵：

$$\overline{\mathbf{A}}=\begin{pmatrix} 1 & 1 & -3 & -1 & 1\\ 3 & -1 & -3 & 4 & 4\\ 1 & 5 & -9 & -8 & 0 \end{pmatrix}\xrightarrow[r_3-r_1]{r_2-3r_1}\begin{pmatrix} 1 & 1 & -3 & -1 & 1\\ 0 & -4 & 6 & 7 & 1\\ 0 & 4 & -6 & -7 & -1 \end{pmatrix}$$

$$\xrightarrow[-\frac{1}{4}\times r_2]{r_3+r_2}\begin{pmatrix} 1 & 1 & -3 & -1 & 1\\ 0 & 1 & -\dfrac{3}{2} & -\dfrac{7}{4} & -\dfrac{1}{4}\\ 0 & 0 & 0 & 0 & 0 \end{pmatrix}\xrightarrow{r_1-r_2}\begin{pmatrix} 1 & 0 & -\dfrac{3}{2} & \dfrac{3}{4} & \dfrac{5}{4}\\ 0 & 1 & -\dfrac{3}{2} & -\dfrac{7}{4} & -\dfrac{1}{4}\\ 0 & 0 & 0 & 0 & 0 \end{pmatrix},$$

即得同解方程组为

$$\begin{cases} x_1=\dfrac{3}{2}x_3-\dfrac{3}{4}x_4+\dfrac{5}{4}, \\ x_2=\dfrac{3}{2}x_3+\dfrac{7}{4}x_4-\dfrac{1}{4}, \\ x_3=x_3, \\ x_4=x_4, \end{cases}$$

亦即原方程组的解为

$$\begin{pmatrix}x_1\\x_2\\x_3\\x_4\end{pmatrix}=c_1\begin{pmatrix}\frac{3}{2}\\\frac{3}{2}\\1\\0\end{pmatrix}+c_2\begin{pmatrix}-\frac{3}{4}\\\frac{7}{4}\\0\\1\end{pmatrix}+\begin{pmatrix}\frac{5}{4}\\-\frac{1}{4}\\0\\0\end{pmatrix},$$ 其中 $c_1,c_2$ 为任意实数.

**例 2.26** 讨论线性方程组 $\begin{cases}x_1+x_2+2x_3+3x_4=1,\\x_1+3x_2+6x_3+x_4=3,\\3x_1-x_2-px_3+15x_4=3,\\x_1-5x_2-10x_3+12x_4=t,\end{cases}$ 当 $p,t$ 取何值时，方程组无解？有惟一解？有无穷多解？在方程组有无穷多解的情况下，求出其全部解.

**解** 对已知线性方程组的增广矩阵 $\overline{\mathbf{A}}$ 实施初等行变换化为行最简形矩阵：

$$\overline{\mathbf{A}}=\begin{pmatrix}1&1&2&3&1\\1&3&6&1&3\\3&-1&-p&15&3\\1&-5&-10&12&t\end{pmatrix}\to\begin{pmatrix}1&1&2&3&1\\0&2&4&-2&2\\0&-4&-p-6&6&0\\0&-6&-12&9&t-1\end{pmatrix}$$

$$\to\begin{pmatrix}1&1&2&3&1\\0&1&2&-1&1\\0&0&-p+2&2&4\\0&0&0&3&t+5\end{pmatrix}.$$

(1) 当 $p\neq 2$ 时，$R(\mathbf{A})=R(\overline{\mathbf{A}})=4$，所以方程组有惟一解；

(2) 当 $p=2$ 时，有

$$\overline{\mathbf{A}}=\begin{pmatrix}1&1&2&3&1\\0&1&2&-1&1\\0&0&0&2&4\\0&0&0&3&t+5\end{pmatrix}\to\begin{pmatrix}1&1&2&3&1\\0&1&2&-1&1\\0&0&0&1&2\\0&0&0&0&t-1\end{pmatrix},$$

当 $t\neq 1$ 时，$R(\mathbf{A})=3<R(\overline{\mathbf{A}})=4$，所以方程组无解；

当 $t=1$ 时，$R(\mathbf{A})=R(\overline{\mathbf{A}})=3$，所以方程组有无穷多解.

这时，

$$\overline{\mathbf{A}}=\begin{pmatrix}1&1&2&3&1\\0&1&2&-1&1\\0&0&0&1&2\\0&0&0&0&t-1\end{pmatrix}\to\begin{pmatrix}1&1&2&3&1\\0&1&2&-1&1\\0&0&0&1&2\\0&0&0&0&0\end{pmatrix}\to\begin{pmatrix}1&0&0&0&-8\\0&1&2&0&3\\0&0&0&1&2\\0&0&0&0&0\end{pmatrix},$$

从而有

$$\begin{cases} x_1 \qquad\qquad\qquad = -8, \\ \quad x_2 + 2x_3 \qquad = 3, \\ \qquad\qquad x_4 = 2. \end{cases}$$

令 $x_3=c$,则原方程组的全部解为 $\begin{pmatrix} x_1 \\ x_2 \\ x_3 \\ x_4 \end{pmatrix} = c\begin{pmatrix} 0 \\ -2 \\ 1 \\ 0 \end{pmatrix} + \begin{pmatrix} -8 \\ 3 \\ 0 \\ 2 \end{pmatrix}$,(其中 $c$ 为任意实数.)

## 习　题　二

1. 设矩阵 $\boldsymbol{A}=\begin{pmatrix} 1 & 1 & 1 \\ 1 & 1 & -1 \\ 1 & -1 & 1 \end{pmatrix}$,$\boldsymbol{B}=\begin{pmatrix} 1 & 2 & 3 \\ -1 & -2 & 4 \\ 0 & 5 & 1 \end{pmatrix}$,求 $3\boldsymbol{AB}-2\boldsymbol{A}$ 及 $\boldsymbol{A}^{\mathrm{T}}\boldsymbol{B}$.

2. 计算下列矩阵的乘积:

(1) $\begin{pmatrix} 4 & 3 & 1 \\ 1 & -2 & 3 \\ 5 & 7 & 0 \end{pmatrix}\begin{pmatrix} 7 \\ 2 \\ 1 \end{pmatrix}$;　　(2) $(1,\ 2,\ 3)\begin{pmatrix} 3 \\ 2 \\ 1 \end{pmatrix}$;

(3) $\begin{pmatrix} 2 \\ 1 \\ 3 \end{pmatrix}(-1,\ 2)$;　　(4) $(x_1,\ x_2,\ x_3)\begin{pmatrix} a_{11} & a_{12} & a_{13} \\ a_{21} & a_{22} & a_{23} \\ a_{31} & a_{32} & a_{33} \end{pmatrix}\begin{pmatrix} x_1 \\ x_2 \\ x_3 \end{pmatrix}$.

3. 举例说明下列命题是错误的:

(1) 若 $\boldsymbol{A}^2=\boldsymbol{O}$,则 $\boldsymbol{A}=\boldsymbol{O}$;

(2) 若 $\boldsymbol{A}^2=\boldsymbol{A}$,则 $\boldsymbol{A}=\boldsymbol{O}$ 或 $\boldsymbol{A}=\boldsymbol{E}$;

(3) 若 $\boldsymbol{AX}=\boldsymbol{AY}$,且 $\boldsymbol{A}\neq\boldsymbol{O}$,则 $\boldsymbol{X}=\boldsymbol{Y}$.

4. 设 $\boldsymbol{A}=\begin{pmatrix} 1 & 0 \\ \lambda & 1 \end{pmatrix}$,求 $\boldsymbol{A}^2,\boldsymbol{A}^3,\cdots,\boldsymbol{A}^k$.

5. 设 $\boldsymbol{A},\boldsymbol{B}$ 都是 $n$ 阶对称矩阵,证明 $\boldsymbol{AB}$ 是对称矩阵的充分必要条件是 $\boldsymbol{AB}=\boldsymbol{BA}$.

6. 设 $\boldsymbol{A}=\begin{pmatrix} 3 & 4 & 0 & 0 \\ 4 & -3 & 0 & 0 \\ 0 & 0 & 2 & 0 \\ 0 & 0 & 2 & 2 \end{pmatrix}$,求 $|\boldsymbol{A}^8|$ 及 $\boldsymbol{A}^4$.

7. 利用矩阵的初等行变换,求下列矩阵的逆矩阵:

(1) $\begin{pmatrix} 3 & -2 & 0 & -1 \\ 0 & 2 & 2 & 1 \\ 1 & -2 & -3 & -2 \\ 0 & 1 & 2 & 1 \end{pmatrix}$;　　(2) $\begin{pmatrix} a_1 & & & \\ & a_2 & & \\ & & \ddots & \\ & & & a_n \end{pmatrix}$,$(a_1a_2\cdots a_n)\neq 0$.

8. 解下列矩阵方程：

(1) $\begin{pmatrix}1 & 4\\ -1 & 2\end{pmatrix}\boldsymbol{X}\begin{pmatrix}2 & 0\\ -1 & 1\end{pmatrix}=\begin{pmatrix}3 & 1\\ 0 & -1\end{pmatrix}$；

(2) $\begin{pmatrix}0 & 1 & 0\\ 1 & 0 & 0\\ 0 & 0 & 1\end{pmatrix}\boldsymbol{X}\begin{pmatrix}1 & 0 & 0\\ 0 & 0 & 1\\ 0 & 1 & 0\end{pmatrix}=\begin{pmatrix}1 & -4 & 3\\ 2 & 0 & -1\\ 1 & -2 & 0\end{pmatrix}$.

9. 利用逆矩阵解线性方程组$\begin{cases}x+2y+3z=1,\\ 2x+2y+5z=2,\\ 3x+5y+z=3.\end{cases}$

10. 设 $\boldsymbol{A}^k=\boldsymbol{O}$($k$ 为正整数)，证明：$(\boldsymbol{E}-\boldsymbol{A})^{-1}=\boldsymbol{E}+\boldsymbol{A}+\boldsymbol{A}^2+\cdots+\boldsymbol{A}^{k-1}$.

11. 设 $\boldsymbol{A}$ 为 3 阶方阵，$|\boldsymbol{A}|=\dfrac{1}{2}$，求 $|(2\boldsymbol{A})^{-1}-5\boldsymbol{A}^*|$.

12. 设 $\boldsymbol{A}=\begin{pmatrix}1 & 0 & 1\\ 0 & 2 & 0\\ 1 & 0 & 1\end{pmatrix}$，且 $\boldsymbol{AX}+\boldsymbol{E}=\boldsymbol{A}^2+\boldsymbol{X}$，求 $\boldsymbol{X}$.

13. 已知矩阵 $\boldsymbol{A}$ 的伴随矩阵 $\boldsymbol{A}^*=\begin{pmatrix}1 & 0 & 0 & 0\\ 0 & 1 & 0 & 0\\ 1 & 0 & 1 & 0\\ 0 & -3 & 0 & 8\end{pmatrix}$，且 $\boldsymbol{ABA}^{-1}=\boldsymbol{BA}^{-1}+3\boldsymbol{E}$，求 $\boldsymbol{B}$.

14. 设 $\boldsymbol{P}^{-1}\boldsymbol{AP}=\boldsymbol{\Lambda}$，其中 $\boldsymbol{P}=\begin{pmatrix}-1 & -4\\ 1 & 1\end{pmatrix}$，$\boldsymbol{\Lambda}=\begin{pmatrix}-1 & 0\\ 0 & 2\end{pmatrix}$，求 $\boldsymbol{A}^{11}$.

15. 设方阵 $\boldsymbol{A}$ 满足 $\boldsymbol{A}^2-\boldsymbol{A}-2\boldsymbol{E}=\boldsymbol{O}$，证明 $\boldsymbol{A}$ 和 $\boldsymbol{A}+2\boldsymbol{E}$ 都可逆，并求 $\boldsymbol{A}^{-1}$ 和 $(\boldsymbol{A}+2\boldsymbol{E})^{-1}$.

16. 设 $\boldsymbol{A}$，$\boldsymbol{B}$ 及 $\boldsymbol{A}+\boldsymbol{B}$ 均可逆，证明：$\boldsymbol{A}^{-1}+\boldsymbol{B}^{-1}$ 也可逆，并求其逆矩阵.

17. (1) 在秩是 $r$ 的矩阵中，有没有等于 0 的 $r-1$ 阶子式？有没有等于 0 的 $r$ 阶子式？

(2) 从矩阵 $\boldsymbol{A}$ 中划去一行得到矩阵 $\boldsymbol{B}$，问 $\boldsymbol{A}$，$\boldsymbol{B}$ 的秩有何关系？

18. 求一个秩是 4 的方阵，它的两个行向量是

$$(1,0,1,0,0)\text{和}(1,-1,0,0,0).$$

19. 求矩阵 $\boldsymbol{A}=\begin{pmatrix}3 & 3 & -1 & -3 & -1\\ 2 & -1 & 3 & 1 & -3\\ 7 & 0 & 5 & -1 & -8\end{pmatrix}$ 的秩，并求一个最高阶非零子式：

20. 设矩阵 $\boldsymbol{A}=\begin{pmatrix}1 & -2 & 3k\\ -1 & 2k & -3\\ k & -2 & 3\end{pmatrix}$，问 $k$ 为何值时，可使

(1) $R(\boldsymbol{A})=1$；　(2) $R(\boldsymbol{A})=2$；　(3) $R(\boldsymbol{A})=3$.

21. 设 $\boldsymbol{A}$，$\boldsymbol{B}$ 都是 $m\times n$ 矩阵，证明：$\boldsymbol{A}$ 与 $\boldsymbol{B}$ 等价的充分必要条件是 $R(\boldsymbol{A})=R(\boldsymbol{B})$.

22. 求解下列齐次线性方程组：

(1) $\begin{cases} x_1+2x_2+x_3-x_4=0, \\ 3x_1+6x_2-x_3-3x_4=0, \\ 5x_1+10x_2+x_3-5x_4=0; \end{cases}$　(2) $\begin{cases} 3x_1+4x_2-5x_3+7x_4=0, \\ 2x_1-3x_2+3x_3-2x_4=0, \\ 4x_1+11x_2-13x_3+16x_4=0, \\ 7x_1-2x_2+x_3+3x_4=0. \end{cases}$

23. 求解下列非齐次线性方程组：

(1) $\begin{cases} 4x_1+2x_2-x_3=2, \\ 3x_1-x_2+2x_3=10, \\ 11x_1+3x_2=8; \end{cases}$　(2) $\begin{cases} 2x_1+x_2-x_3+x_4=1, \\ 3x_1-2x_2+x_3-3x_4=4, \\ x_1+4x_2-3x_3+5x_4=-2. \end{cases}$

24. $\lambda$ 为何值时，非齐次线性方程组

$$\begin{cases} \lambda x_1+x_2+x_3=1, \\ x_1+\lambda x_2+x_3=\lambda, \\ x_1+x_2+\lambda x_3=\lambda^2 \end{cases}$$

(1) 有唯一解；(2) 无解；(3) 有无穷多个解．

# 第 3 章　向量组的线性相关性

向量组的线性相关性不仅有重要的理论价值，而且对于讨论线性方程组解的结构也有十分重要的作用．为了进一步研究线性方程组解的问题，本章讨论 $n$ 维向量组的线性相关性及向量组的秩等概念．

## 3.1　$n$ 维向量的概念

### 3.1.1　$n$ 维向量

在解析几何中，我们把“既有大小又有方向的量”称为向量，并把可随意平行移动的有向线段作为向量的几何形象．引入坐标系后，又定义了向量的坐标表示式(三个有次序的数)．把向量的坐标表示式中数的个数称为维数．由此得出 $n$ 维向量的定义．

**定义 3.1**　$n$ 个有次序的数 $a_1,a_2,\cdots,a_n$ 所组成的数组称为 $n$ 维向量，这 $n$ 个数称为该向量的 $n$ 个分量，第 $i$ 个数 $a_i$ 称为第 $i$ 个分量．

当 $n\leqslant 3$ 时，$n$ 维向量可以把有向线段作为其几何形象．当 $n>3$ 时，$n$ 维向量没有直观的几何形象了，只是沿用它的一些术语罢了．

分量全为实数的向量称为实向量，分量为复数的向量称为复向量．本书除特别声明外，一般只讨论实向量．

写成一行的向量称为行向量，也就是行矩阵；写成一列的向量称为列向量，也就是列矩阵．并规定行向量与列向量都按矩阵的运算规则进行运算．记 $n$ 维列向量

$$\boldsymbol{a}=\begin{pmatrix}a_1\\a_2\\\vdots\\a_n\end{pmatrix}.$$

$n$ 维行向量 $\boldsymbol{a}^{\mathrm{T}}=(a_1a_2\cdots a_n)$．

本书中，列向量用小写字母 $\boldsymbol{a},\boldsymbol{b},\boldsymbol{\alpha},\boldsymbol{\beta}$ 等表示，行向量则用 $\boldsymbol{a}^{\mathrm{T}},\boldsymbol{b}^{\mathrm{T}},\boldsymbol{\alpha}^{\mathrm{T}},\boldsymbol{\beta}^{\mathrm{T}}$ 等表示．所讨论的向量没有指明是行向量还是列向量时，都当作列向量．

分量全为零的向量，称为零向量，记为 $\mathbf{0}$，即

$$\mathbf{0}=(0,0,\cdots,0)^{\mathrm{T}}.$$

向量$(-a_1,-a_2,\cdots,-a_n)^{\mathrm{T}}$称为向量$\boldsymbol{\alpha}=(a_1,a_2,\cdots,a_n)^{\mathrm{T}}$的负向量，记为$-\boldsymbol{\alpha}$.

如果$\boldsymbol{\alpha}=(a_1,a_2,\cdots,a_n)^{\mathrm{T}}$，$\boldsymbol{\beta}=(b_1,b_2,\cdots,b_n)^{\mathrm{T}}$，当且仅当$a_i=b_i(i=1,2,\cdots,n)$时，称这两个向量相等，记作$\boldsymbol{\alpha}=\boldsymbol{\beta}$.

设$\boldsymbol{\alpha}=(a_1,a_2,\cdots,a_n)^{\mathrm{T}}$，$\boldsymbol{\beta}=(b_1,b_2,\cdots,b_n)^{\mathrm{T}}$，$k$为任意实数，则向量$(a_1+b_1,a_2+b_2,\cdots,a_n+b_n)^{\mathrm{T}}$称为向量$\boldsymbol{\alpha}$和$\boldsymbol{\beta}$的和，记为$\boldsymbol{\alpha}+\boldsymbol{\beta}$，即

$$\boldsymbol{\alpha}+\boldsymbol{\beta}=(a_1+b_1,a_2+b_2,\cdots,a_n+b_n)^{\mathrm{T}}.$$

向量$(ka_1,ka_2,\cdots,ka_n)$称为向量$\boldsymbol{\alpha}$与数$k$的乘积，记为$k\boldsymbol{\alpha}$，即

$$k\boldsymbol{\alpha}=(ka_1,ka_2,\cdots,ka_n)^{\mathrm{T}}.$$

向量$\boldsymbol{\alpha}$与$-\boldsymbol{\beta}$的和称为向量$\boldsymbol{\alpha}$与$\boldsymbol{\beta}$的差，记为$\boldsymbol{\alpha}-\boldsymbol{\beta}$，即

$$\boldsymbol{\alpha}-\boldsymbol{\beta}=\boldsymbol{\alpha}+(-\boldsymbol{\beta})=(a_1-b_1,a_2-b_2,\cdots,a_n-b_n)^{\mathrm{T}}$$

以上统称为向量的线性运算，并注意只有在维数相同的条件下才能进行加、减运算.

不难验证向量的线性运算满足下列八条基本性质：

(1) $\boldsymbol{\alpha}+\boldsymbol{\beta}=\boldsymbol{\beta}+\boldsymbol{\alpha}$（交换律）；

(2) $(\boldsymbol{\alpha}+\boldsymbol{\beta})+\boldsymbol{\gamma}=\boldsymbol{\alpha}+(\boldsymbol{\beta}+\boldsymbol{\gamma})$（结合律）；

(3) $\boldsymbol{\alpha}+\boldsymbol{0}=\boldsymbol{\alpha}$；

(4) $\boldsymbol{\alpha}+(-\boldsymbol{\alpha})=\boldsymbol{0}$；

(5) $k(\boldsymbol{\alpha}+\boldsymbol{\beta})=k\boldsymbol{\alpha}+k\boldsymbol{\beta}$；

(6) $(k+l)\boldsymbol{\alpha}=k\boldsymbol{\alpha}+l\boldsymbol{\alpha}$；

(7) $(kl)\boldsymbol{\alpha}=k(l\boldsymbol{\alpha})=l(k\boldsymbol{\alpha})$；

(8) $1\cdot\boldsymbol{\alpha}=\boldsymbol{\alpha}$.

**例 3.1**　设$\boldsymbol{\alpha}=(7,2,0,-8)^{\mathrm{T}}$，$\boldsymbol{\beta}=(2,1,-4,3)^{\mathrm{T}}$，求$3\boldsymbol{\alpha}+7\boldsymbol{\beta}$.

**解**

$$\begin{aligned}3\boldsymbol{\alpha}+7\boldsymbol{\beta}&=3(7,2,0,-8)^{\mathrm{T}}+7(2,1,-4,3)^{\mathrm{T}}\\&=(21,6,0,-24)^{\mathrm{T}}+(14,7,-28,21)^{\mathrm{T}}\\&=(35,13,-28,-3)^{\mathrm{T}}.\end{aligned}$$

### 3.1.2　向量组

**定义 3.2**　若干个同维数的列向量（或行向量）所组成的集合称为向量组.

例如，一个$m\times n$矩阵

$$\boldsymbol{A}=\begin{pmatrix}a_{11}&a_{12}&\cdots&a_{1n}\\a_{21}&a_{22}&\cdots&a_{2n}\\\cdots&\cdots&&\cdots\\a_{m1}&a_{m2}&\cdots&a_{mn}\end{pmatrix},$$

其每一列

$$\boldsymbol{\alpha}_j=\begin{pmatrix}a_{1j}\\a_{2j}\\\vdots\\a_{mj}\end{pmatrix}\quad(j=1,2,\cdots,n)$$

组成的向量组 $\boldsymbol{\alpha}_1,\boldsymbol{\alpha}_2,\cdots,\boldsymbol{\alpha}_n$ 称为矩阵 $\boldsymbol{A}$ 的列向量组，而由矩阵 $\boldsymbol{A}$ 的每一行

$$\boldsymbol{\beta}_i^{\mathrm{T}}=(a_{i1},a_{i2},\cdots,a_{in})\quad(i=1,2,\cdots,m)$$

组成的向量组 $\boldsymbol{\beta}_1^{\mathrm{T}},\boldsymbol{\beta}_2^{\mathrm{T}},\cdots,\boldsymbol{\beta}_m^{\mathrm{T}}$ 称为矩阵 $\boldsymbol{A}$ 的行向量组．

根据上述讨论，矩阵 $\boldsymbol{A}$ 记为

$$\boldsymbol{A}=(\boldsymbol{\alpha}_1,\boldsymbol{\alpha}_2,\cdots,\boldsymbol{\alpha}_n)\text{或}\boldsymbol{A}=\begin{pmatrix}\boldsymbol{\beta}_1^{\mathrm{T}}\\\boldsymbol{\beta}_2^{\mathrm{T}}\\\vdots\\\boldsymbol{\beta}_m^{\mathrm{T}}\end{pmatrix}.$$

这样，矩阵 $\boldsymbol{A}$ 就与其列向量组或行向量组之间建立了一一对应关系．

矩阵的列向量组和行向量组都是只含有限个向量的向量组．空间直角坐标系确定的空间中含有无限多个 3 维列向量的向量组．

## 3.2 向量组的线性组合

非齐次线性方程组

$$\begin{cases}a_{11}x_1+a_{12}x_2+\cdots+a_{1n}x_n=b_1,\\a_{21}x_1+a_{22}x_2+\cdots+a_{2n}x_n=b_2,\\\qquad\cdots\cdots\\a_{m1}x_1+a_{m2}x_2+\cdots+a_{mn}x_n=b_m.\end{cases}\tag{3.1}$$

若将未知量 $x_j$ 的系数及常数项写成列向量形式

$$\boldsymbol{\alpha}_j=\begin{pmatrix}a_{1j}\\a_{2j}\\\vdots\\a_{mj}\end{pmatrix}\quad(j=1,2,\cdots,n),\quad\boldsymbol{\beta}=\begin{pmatrix}b_1\\b_2\\\vdots\\b_m\end{pmatrix},$$

则线性方程组的向量形式为

$$\begin{pmatrix}a_{11}\\a_{21}\\\vdots\\a_{m1}\end{pmatrix}x_1+\begin{pmatrix}a_{12}\\a_{22}\\\vdots\\a_{m2}\end{pmatrix}x_2+\cdots+\begin{pmatrix}a_{1n}\\a_{2n}\\\vdots\\a_{mn}\end{pmatrix}x_n=\begin{pmatrix}b_1\\b_2\\\vdots\\b_m\end{pmatrix},$$

即

$$x_1\boldsymbol{\alpha}_1+x_2\boldsymbol{\alpha}_2+\cdots+x_n\boldsymbol{\alpha}_n=\boldsymbol{\beta}. \tag{3.2}$$

于是，方程组(3.2)是否有解，就相当于是否存在一组数 $x_1=k_1,x_2=k_2,\cdots,x_n=k_n$，使式(3.2)成立，即

$$k_1\boldsymbol{\alpha}_1+k_2\boldsymbol{\alpha}_2+\cdots+k_n\boldsymbol{\alpha}_n=\boldsymbol{\beta},$$

也就是说常数列向量 $\boldsymbol{\beta}$ 是否可以由系数列向量 $\boldsymbol{\alpha}_1,\boldsymbol{\alpha}_2,\cdots,\boldsymbol{\alpha}_n$ 线性表示，如果可以，则方程组有解，否则，方程组无解．

若将方程组(3.2)的第 $i$ 个方程未知量系数及常数写成行向量形式

$$\boldsymbol{\alpha}_i^{\mathrm{T}}=(\alpha_{i1},\alpha_{i2},\cdots,\alpha_{in},b_i)\qquad(i=1,2,\cdots,m). \tag{3.3}$$

方程组(3.2)中是否有多余的方程，反映到向量组(3.3)中就是是否存在向量可以由其余向量线性表示的问题．为此，我们引入下面的概念．

**定义 3.3**　给定向量组 $\boldsymbol{A}:\boldsymbol{\alpha}_1,\boldsymbol{\alpha}_2,\cdots,\boldsymbol{\alpha}_s$，对于任何一组实数 $k_1,k_2,\cdots,k_s$，表达式

$$k_1\boldsymbol{\alpha}_1+k_2\boldsymbol{\alpha}_2+\cdots+k_s\boldsymbol{\alpha}_s$$

称为向量组 $\boldsymbol{A}$ 的一个线性组合，$k_1,k_2,\cdots,k_s$ 称为这个线性组合的系数．

**定义 3.4**　给定向量组 $\boldsymbol{A}:\boldsymbol{\alpha}_1,\boldsymbol{\alpha}_2,\cdots,\boldsymbol{\alpha}_s$ 和向量 $\boldsymbol{\beta}$，若存在一组数 $k_1,k_2,\cdots,k_s$，使

$$\boldsymbol{\beta}=k_1\boldsymbol{\alpha}_1+k_2\boldsymbol{\alpha}_2+\cdots+k_s\boldsymbol{\alpha}_s,$$

则称向量 $\boldsymbol{\beta}$ 是向量组 $\boldsymbol{A}$ 的线性组合，又称向量 $\boldsymbol{\beta}$ 能由向量组 $\boldsymbol{A}$ **线性表示**(或**线性表出**)．

3 维向量空间中任意向量 $\boldsymbol{r}=(x,y,z)^{\mathrm{T}}$ 都可由单位坐标向量 $\boldsymbol{i},\boldsymbol{j},\boldsymbol{k}$ 线性表示．$n$ 维向量空间中的任意向量 $\boldsymbol{r}=(x_1,x_2,\cdots,x_n)$ 都是单位坐标向量组 $\boldsymbol{e}_1,\boldsymbol{e}_2,\cdots,\boldsymbol{e}_n$ 的线性组合，$x_1,x_2,\cdots,x_n$ 是这个线性组合的系数．

**注意**：(1) 零向量是任一向量组 $\boldsymbol{A}:\boldsymbol{\alpha}_1,\boldsymbol{\alpha}_2,\cdots,\boldsymbol{\alpha}_s$ 的线性组合，因为 $\boldsymbol{0}=0\boldsymbol{\alpha}_1+0\boldsymbol{\alpha}_2+\cdots+0\boldsymbol{\alpha}_s$．

(2) 向量组 $\boldsymbol{A}:\boldsymbol{\alpha}_1,\boldsymbol{\alpha}_2,\cdots,\boldsymbol{\alpha}_s$ 中的任何一个向量 $\boldsymbol{\alpha}_j(1\leqslant j\leqslant s)$ 都是此向量组的线性组合．

因为 $\boldsymbol{\alpha}_j=0\boldsymbol{\alpha}_1+0\boldsymbol{\alpha}_2+\cdots+\boldsymbol{\alpha}_j+\cdots+0\boldsymbol{\alpha}_s$．

**例 3.2**　设 $\boldsymbol{\beta}=(0,4,2)^{\mathrm{T}},\boldsymbol{\alpha}_1=(1,2,3)^{\mathrm{T}},\boldsymbol{\alpha}_2=(2,3,1)^{\mathrm{T}},\boldsymbol{\alpha}_3=(3,1,2)^{\mathrm{T}}$，试问 $\boldsymbol{\beta}$ 能否表示成 $\boldsymbol{\alpha}_1,\boldsymbol{\alpha}_2,\boldsymbol{\alpha}_3$ 的线性组合？若能，写出具体表示式．

**解**　令

$$\boldsymbol{\beta}=k_1\boldsymbol{\alpha}_1+k_2\boldsymbol{\alpha}_2+k_3\boldsymbol{\alpha}_3,$$

即

$$k_1\begin{pmatrix}1\\2\\3\end{pmatrix}+k_2\begin{pmatrix}2\\3\\1\end{pmatrix}+k_3\begin{pmatrix}3\\1\\2\end{pmatrix}=\begin{pmatrix}0\\4\\2\end{pmatrix}.$$

根据向量的线性运算和向量相等的定义有

$$\begin{cases}k_1+2k_2+3k_3=0,\\2k_1+3k_2+k_3=4,\\3k_1+k_2+2k_3=2.\end{cases}$$

由于

$$D=\begin{vmatrix}1&2&3\\2&3&1\\3&1&2\end{vmatrix}=-18\neq 0,$$

由克拉默法则,可求得

$$k_1=1,k_2=1,k_3=-1,$$

所以

$$\boldsymbol{\beta}=\boldsymbol{\alpha}_1+\boldsymbol{\alpha}_2-\boldsymbol{\alpha}_3,$$

即 $\boldsymbol{\beta}$ 是 $\boldsymbol{\alpha}_1,\boldsymbol{\alpha}_2,\boldsymbol{\alpha}_3$ 的线性组合.

由定义 3.4 知,向量 $\boldsymbol{\beta}$ 能由向量组 $\boldsymbol{\alpha}_1,\boldsymbol{\alpha}_2,\cdots,\boldsymbol{\alpha}_s$ 线性表示,也就是线性方程组 $\boldsymbol{\alpha}_1x_1+\boldsymbol{\alpha}_2x_2+\cdots+\boldsymbol{\alpha}_sx_s=\boldsymbol{\beta}$ 有解. 由第 2 章定理 2.8,立即可得

**定理 3.1** 设向量

$$\boldsymbol{\beta}=\begin{pmatrix}b_1\\b_2\\\vdots\\b_m\end{pmatrix},\boldsymbol{\alpha}_j=\begin{pmatrix}a_{1j}\\a_{2j}\\\vdots\\a_{mj}\end{pmatrix}\ (j=1,2,\cdots,s),$$

则向量 $\boldsymbol{\beta}$ 能由向量组 $\boldsymbol{\alpha}_1,\boldsymbol{\alpha}_2,\cdots,\boldsymbol{\alpha}_s$ 线性表示的充分必要条件是矩阵 $\boldsymbol{A}=(\boldsymbol{\alpha}_1,\boldsymbol{\alpha}_2,\cdots,\boldsymbol{\alpha}_s)$ 与矩阵 $\boldsymbol{B}=(\boldsymbol{\alpha}_1,\boldsymbol{\alpha}_2,\cdots,\boldsymbol{\alpha}_s,\boldsymbol{\beta})$ 的秩相等.

**例 3.3** 判断向量 $\boldsymbol{\beta}=(3,5,-6)^{\mathrm{T}}$ 是否为向量组 $\boldsymbol{\alpha}_1=(1,0,1)^{\mathrm{T}},\boldsymbol{\alpha}_2=(1,1,1)^{\mathrm{T}},\boldsymbol{\alpha}_3=(0,-1,-1)^{\mathrm{T}}$ 的线性组合. 若是写出表达式.

**解** 根据定理 3.1,要证 $\boldsymbol{A}=(\boldsymbol{\alpha}_1,\boldsymbol{\alpha}_2,\cdots,\boldsymbol{\alpha}_s)$ 与 $\boldsymbol{B}=(\boldsymbol{A},\boldsymbol{\beta})$ 的秩相等. 为此,把 $\boldsymbol{B}$ 化成行最简形:

$$\begin{pmatrix}1&1&0&3\\0&1&-1&5\\1&1&-1&-6\end{pmatrix}\to\begin{pmatrix}1&1&0&3\\0&1&-1&5\\0&0&-1&-9\end{pmatrix}\to\begin{pmatrix}1&1&0&3\\0&1&0&14\\0&0&1&9\end{pmatrix}\to\begin{pmatrix}1&0&0&-11\\0&1&0&14\\0&0&1&9\end{pmatrix}.$$

可知, $k_1=-11,k_2=14,k_3=9$;

故 $\boldsymbol{\beta}$ 可由 $\boldsymbol{\alpha}_1,\boldsymbol{\alpha}_2,\boldsymbol{\alpha}_3$ 线性表示,表示式为 $\boldsymbol{\beta}=-11\boldsymbol{\alpha}_1+14\boldsymbol{\alpha}_2+9\boldsymbol{\alpha}_3$.

**定义 3.5** 设有两向量组

$$\boldsymbol{A}:\boldsymbol{\alpha}_1,\boldsymbol{\alpha}_2,\cdots,\boldsymbol{\alpha}_s;\quad \boldsymbol{B}:\boldsymbol{\beta}_1,\boldsymbol{\beta}_2,\cdots,\boldsymbol{\beta}_t,$$

若向量组 $\boldsymbol{B}$ 中的每一个向量都能由向量组 $\boldsymbol{A}$ 线性表示，则称向量组 $\boldsymbol{B}$ 能由向量组 $\boldsymbol{A}$ 线性表示．若向量组 $\boldsymbol{A}$ 与向量组 $\boldsymbol{B}$ 能相互线性表示，则称这两个向量组等价.

向量组 $\boldsymbol{A}$ 的任何一个部分组 $\boldsymbol{A}_0$ 都可以由向量组 $\boldsymbol{A}$ 线性表示．

按定义 3.5,若向量组 $\boldsymbol{B}$ 能由向量组 $\boldsymbol{A}$ 线性表示,则存在

$$k_{1j},k_{2j},\cdots,k_{sj}\quad(j=1,2,\cdots,t),$$

使

$$\boldsymbol{\beta}_j=k_{1j}\boldsymbol{\alpha}_1+k_{2j}\boldsymbol{\alpha}_2+\cdots+k_{sj}\boldsymbol{\alpha}_s=(\boldsymbol{\alpha}_1,\boldsymbol{\alpha}_2,\cdots,\boldsymbol{\alpha}_s)\begin{pmatrix}k_{1j}\\k_{2j}\\\vdots\\k_{sj}\end{pmatrix},$$

所以

$$(\boldsymbol{\beta}_1,\boldsymbol{\beta}_2,\cdots,\boldsymbol{\beta}_t)=(\boldsymbol{\alpha}_1,\boldsymbol{\alpha}_2,\cdots,\boldsymbol{\alpha}_s)\begin{pmatrix}k_{11}&k_{12}&\cdots&k_{1t}\\k_{21}&k_{22}&\cdots&k_{2t}\\\cdots&\cdots&&\cdots\\k_{s1}&k_{s2}&\cdots&k_{st}\end{pmatrix},$$

其中矩阵 $K_{s\times t}=(k_{ij})_{s\times t}$称为这一线性表示的系数矩阵．

由此可知,若 $\boldsymbol{B}_{m\times t}=\boldsymbol{A}_{m\times s}\boldsymbol{K}_{s\times t}$，则矩阵 $\boldsymbol{B}$ 的列向量组能由矩阵 $\boldsymbol{A}$ 的列向量组线性表示，$\boldsymbol{K}$ 为这一表示的系数矩阵．而矩阵 $\boldsymbol{B}$ 的行向量组能由 $\boldsymbol{K}$ 的行向量组线性表示，$\boldsymbol{A}$ 为这一表示的系数矩阵．

设矩阵 $\boldsymbol{A}$ 经初等行变换变成矩阵 $\boldsymbol{B}$,则 $\boldsymbol{B}$ 的每个行向量都是 $\boldsymbol{A}$ 的行向量组的线性组合，即 $\boldsymbol{B}$ 的行向量组能由 $\boldsymbol{A}$ 的行向量组线性表示．由于初等变换可逆,故矩阵 $\boldsymbol{B}$ 亦可经初等行变换变为 $\boldsymbol{A}$,从而 $\boldsymbol{A}$ 的行向量组能由 $\boldsymbol{B}$ 的行向量组的线性表示．于是 $A$ 的行向量组与 $\boldsymbol{B}$ 的行向量组等价．

类似可知,若矩阵 $\boldsymbol{A}$ 经初等列变换变成矩阵 $\boldsymbol{B}$,则 $\boldsymbol{A}$ 的列向量组与 $\boldsymbol{B}$ 的列向量组等价．

## 3.3　向量组的线性相关性

我们知道,对于任一 $n$ 维向量组 $\boldsymbol{\alpha}_1,\boldsymbol{\alpha}_2,\cdots,\boldsymbol{\alpha}_m$，当它的组合系数全取零时,其线性组合一定是一个零向量．例如给定向量组

$$\boldsymbol{\alpha}_1=(4,1,-1),\quad \boldsymbol{\alpha}_2=(1,2,-1),\quad \boldsymbol{\alpha}_3=(2,4,-2),$$

取组合系数 $k_1=k_2=k_3=0$,显然有

$$k_1\boldsymbol{\alpha}_1+k_2\boldsymbol{\alpha}_2+k_3\boldsymbol{\alpha}_3=0\boldsymbol{\alpha}_1+0\boldsymbol{\alpha}_2+0\boldsymbol{\alpha}_3=(0,0,0)=0.$$

我们关心的是除了组合系数为零之外,是否还存在不全为零的组合系数,使该组向量的线性组合也等于零向量？对于上述的 $\boldsymbol{\alpha}_1=(4,1,-1)$,$\boldsymbol{\alpha}_2=(1,2,-1)$,$\boldsymbol{\alpha}_3=(2,4,-2)$,答案是肯定的．如取 $k_1=0,k_2=2,k_3=-1$,则有

$$k_1\boldsymbol{\alpha}_1+k_2\boldsymbol{\alpha}_2+k_3\boldsymbol{\alpha}_3=0\boldsymbol{\alpha}_1+2\boldsymbol{\alpha}_2-\boldsymbol{\alpha}_3=(0,0,0)=0$$

成立;但对于向量组

$$\boldsymbol{\beta}_1=(1,0,0),\quad \boldsymbol{\beta}_2=(1,1,0),\quad \boldsymbol{\beta}_3=(1,1,1),$$

不难验证只有组合系数全为零时,它的线性组合才为零向量．

这些就是我们要讨论的向量组的线性相关性问题．

### 3.3.1 线性相关性概念

**定义 3.6** 给定向量组 $\boldsymbol{A}$:$\boldsymbol{\alpha}_1,\boldsymbol{\alpha}_2,\cdots,\boldsymbol{\alpha}_s$ 如果存在不全为零的数 $k_1,k_2,\cdots,k_s$,使

$$k_1\boldsymbol{\alpha}_1+k_2\boldsymbol{\alpha}_2+\cdots+k_s\boldsymbol{\alpha}_s=\mathbf{0},\tag{3.4}$$

则称向量组 $\boldsymbol{A}$ 线性相关,否则称为线性无关．

说向量组 $\boldsymbol{\alpha}_1,\boldsymbol{\alpha}_2,\cdots,\boldsymbol{\alpha}_s$ 线性相关,通常是指 $s\geqslant 2$ 的情形,但定义 3.6 也适应于 $s=1$ 的情形．当 $s=1$ 时,向量组只含有一个向量 $\boldsymbol{\alpha}$,当 $\boldsymbol{\alpha}\neq\mathbf{0}$ 时,$\boldsymbol{\alpha}$ 是线性无关的;当 $\boldsymbol{\alpha}=\mathbf{0}$时,$\boldsymbol{\alpha}$ 是线性相关的．

**注 3.1** (1) 当且仅当 $k_1=k_2=\cdots=k_s=0$ 时,式(3.4)成立,向量组 $\boldsymbol{\alpha}_1,\boldsymbol{\alpha}_2,\cdots,\boldsymbol{\alpha}_s$ 线性无关;

(2) 包含零向量的任何向量组是线性相关的;

(3) 两个向量线性相关的几何意义是这两个向量共线,三个向量线性相关的几何意义是这三个向量共面．

如果向量组 $\boldsymbol{\alpha}_1,\boldsymbol{\alpha}_2,\cdots,\boldsymbol{\alpha}_s(s\geqslant 2)$线性相关,则向量组 $\boldsymbol{\alpha}_1,\boldsymbol{\alpha}_2,\cdots,\boldsymbol{\alpha}_s(s\geqslant 2)$中至少有一个向量可由其余 $s-1$ 个向量线性表示．

这是因为,如果 $\boldsymbol{\alpha}_1,\boldsymbol{\alpha}_2,\cdots,\boldsymbol{\alpha}_s$ 线性相关,则存在 $s$ 个不全为零的数 $k_1,k_2,\cdots,k_s$,使得 $k_1\boldsymbol{\alpha}_1+k_2\boldsymbol{\alpha}_2+\cdots+k_s\boldsymbol{\alpha}_s=\mathbf{0}$ 成立．不妨设 $k_1\neq 0$,于是 $\boldsymbol{\alpha}_1=\left(-\dfrac{k_2}{k_1}\right)\boldsymbol{\alpha}_2+\cdots+\left(-\dfrac{k_s}{k_1}\right)\boldsymbol{\alpha}_s$,即 $\boldsymbol{\alpha}_1$ 可由其余向量线性表示．

如果 $\boldsymbol{\alpha}_1,\boldsymbol{\alpha}_2,\cdots,\boldsymbol{\alpha}_s$ 中至少有一个向量可由其余 $s-1$ 个向量线性表示,不妨设 $\boldsymbol{\alpha}_1=k_2\boldsymbol{\alpha}_2+\cdots+k_s\boldsymbol{\alpha}_s$,于是$(-1)\boldsymbol{\alpha}_1+k_2\boldsymbol{\alpha}_2+\cdots+k_s\boldsymbol{\alpha}_s=\mathbf{0}$,即存在不全为零的$-1$,$k_2,k_3,\cdots,k_s$,使式(3.4)成立,所以 $\boldsymbol{\alpha}_1,\boldsymbol{\alpha}_2,\cdots,\boldsymbol{\alpha}_s$ 线性相关．

### 3.3.2　线性相关性的判定

设向量组 $\boldsymbol{\alpha}_1,\boldsymbol{\alpha}_2,\cdots,\boldsymbol{\alpha}_s$，由该向量组构成的矩阵 $\boldsymbol{A}=(\boldsymbol{\alpha}_1,\boldsymbol{\alpha}_2,\cdots,\boldsymbol{\alpha}_s)$，则向量组 $\boldsymbol{\alpha}_1,\boldsymbol{\alpha}_2,\cdots,\boldsymbol{\alpha}_s$ 线性相关，就是齐次线性方程组 $x_1\boldsymbol{a}_1+x_2\boldsymbol{a}_2+\cdots+x_s\boldsymbol{a}_s=\boldsymbol{0}$（即 $\boldsymbol{Ax}=\boldsymbol{0}$）有非零解；反之，齐次线性方程组 $x_1\boldsymbol{a}_1+x_2\boldsymbol{a}_2+\cdots+x_s\boldsymbol{a}_s=\boldsymbol{0}$ 有非零解，则向量组 $\boldsymbol{\alpha}_1,\boldsymbol{\alpha}_2,\cdots,\boldsymbol{\alpha}_s$ 线性相关．由上章定理 2.7，即可得

**定理 3.2**　向量组 $\boldsymbol{\alpha}_1,\boldsymbol{\alpha}_2,\cdots,\boldsymbol{\alpha}_s$ 线性相关的充要条件是它所构成的矩阵 $\boldsymbol{A}=(\boldsymbol{\alpha}_1,\boldsymbol{\alpha}_2,\cdots,\boldsymbol{\alpha}_s)$ 的秩小于向量的个数 $s$；向量组线性无关的充要条件是矩阵 $R(\boldsymbol{A})=s$.

$n$ 维向量空间中单位坐标向量组 $\boldsymbol{e}_1,\boldsymbol{e}_2,\cdots,\boldsymbol{e}_n$ 线性无关．

这是因为 $n$ 维单位坐标向量组构成的矩阵 $\boldsymbol{E}=(\boldsymbol{e}_1,\boldsymbol{e}_2,\cdots,\boldsymbol{e}_n)$ 是 $n$ 阶单位矩阵．由 $|\boldsymbol{E}|=1\neq0$，知 $R(\boldsymbol{E})=n$，即 $R(\boldsymbol{E})$ 等于向量组中向量的个数 $n$，故由定理 3.2 知，此向量组线性无关．

由克莱姆法则及定理 3.2 得

**推论 3.1**　$n$ 个 $n$ 维列向量组 $\boldsymbol{\alpha}_1,\boldsymbol{\alpha}_2,\cdots,\boldsymbol{\alpha}_n$ 线性相关的充要条件是：矩阵 $\boldsymbol{A}=(\boldsymbol{\alpha}_1,\boldsymbol{\alpha}_2,\cdots,\boldsymbol{\alpha}_n)$ 的行列式等于零；$n$ 个 $n$ 维列向量组 $\boldsymbol{\alpha}_1,\boldsymbol{\alpha}_2,\cdots,\boldsymbol{\alpha}_n$ 线性无关的充要条件是矩阵 $\boldsymbol{A}=(\boldsymbol{\alpha}_1,\boldsymbol{\alpha}_2,\cdots,\boldsymbol{\alpha}_n)$ 的行列式不等于零．

**例 3.4**　判断下列向量组是否线性相关：

$$\boldsymbol{\alpha}_1=\begin{pmatrix}1\\0\\-1\end{pmatrix},\boldsymbol{\alpha}_2=\begin{pmatrix}-2\\2\\0\end{pmatrix},\boldsymbol{\alpha}_3=\begin{pmatrix}3\\-5\\2\end{pmatrix}.$$

**解**　对矩阵 $\boldsymbol{A}=(\boldsymbol{\alpha}_1,\boldsymbol{\alpha}_2,\boldsymbol{\alpha}_3)$ 施以初等行变换变成行阶梯形矩阵，

$$\boldsymbol{A}=(\boldsymbol{\alpha}_1,\boldsymbol{\alpha}_2,\boldsymbol{\alpha}_3)=\begin{pmatrix}1&-2&3\\0&2&-5\\-1&0&2\end{pmatrix}\to\begin{pmatrix}1&-2&3\\0&2&-5\\0&-2&5\end{pmatrix}\to\begin{pmatrix}1&-2&3\\0&2&-5\\0&0&0\end{pmatrix},$$

可见 $R(\boldsymbol{A})=2<3$，所以向量组 $\boldsymbol{\alpha}_1,\boldsymbol{\alpha}_2,\boldsymbol{\alpha}_3$ 线性相关．

**例 3.5**　已知向量组 $\boldsymbol{\alpha}_1,\boldsymbol{\alpha}_2,\boldsymbol{\alpha}_3$ 线性无关，$\boldsymbol{\beta}_1=\boldsymbol{\alpha}_1+\boldsymbol{\alpha}_2,\boldsymbol{\beta}_2=\boldsymbol{\alpha}_2+\boldsymbol{\alpha}_3,\boldsymbol{\beta}_3=\boldsymbol{\alpha}_3+\boldsymbol{\alpha}_1$，试证向量组 $\boldsymbol{\beta}_1,\boldsymbol{\beta}_2,\boldsymbol{\beta}_3$ 线性无关．

**证明**　设有 $x_1,x_2,x_3$，使 $x_1\boldsymbol{\beta}_1+x_2\boldsymbol{\beta}_2+x_3\boldsymbol{\beta}_3=\boldsymbol{0}$，

即 $x_1(\boldsymbol{\alpha}_1+\boldsymbol{\alpha}_2)+x_2(\boldsymbol{\alpha}_2+\boldsymbol{\alpha}_3)+x_3(\boldsymbol{\alpha}_3+\boldsymbol{\alpha}_1)=\boldsymbol{0}$，

亦即 $(x_1+x_3)\boldsymbol{\alpha}_1+(x_1+x_2)\boldsymbol{\alpha}_2+(x_2+x_3)\boldsymbol{\alpha}_3=\boldsymbol{0}$，

因 $\boldsymbol{\alpha}_1,\boldsymbol{\alpha}_2,\boldsymbol{\alpha}_3$ 线性无关，故有 $\begin{cases}x_1+x_3=0,\\x_1+x_2=0,\\x_2+x_3=0.\end{cases}$

由于此方程组的系数行列式 $\begin{vmatrix} 1 & 0 & 1 \\ 1 & 1 & 0 \\ 0 & 1 & 1 \end{vmatrix}=2\neq 0$，故此方程组只有零解 $x_1=x_2=x_3=0$，所以向量组 $\boldsymbol{\beta}_1,\boldsymbol{\beta}_2,\boldsymbol{\beta}_3$ 线性无关．

**例 3.6**　问 $t$ 取何值时，向量组 $\boldsymbol{\alpha}_1=\begin{pmatrix} t \\ -1 \\ -1 \end{pmatrix},\boldsymbol{\alpha}_2=\begin{pmatrix} -1 \\ t \\ -1 \end{pmatrix},\boldsymbol{\alpha}_3=\begin{pmatrix} -1 \\ -1 \\ t \end{pmatrix}$ 线性相关．

**解**　设 $\boldsymbol{A}=(\boldsymbol{\alpha}_1,\boldsymbol{\alpha}_2,\boldsymbol{\alpha}_3)$，要使向量组 $\boldsymbol{\alpha}_1,\boldsymbol{\alpha}_2,\boldsymbol{\alpha}_3$ 线性相关，由推论 3.1 知，有 $|\boldsymbol{A}|=0$，即

$$|\boldsymbol{A}|=\begin{vmatrix} t & -1 & -1 \\ -1 & t & -1 \\ -1 & -1 & t \end{vmatrix}=(t-2)(t+1)^2=0,$$

从而得 $t=-1$ 或 $t=2$ 时，向量组 $\boldsymbol{\alpha}_1,\boldsymbol{\alpha}_2,\boldsymbol{\alpha}_3$ 线性相关．

### 3.3.3　向量组线性相关性的有关理论

向量组的线性相关性是向量组的一个重要性质，下面介绍与之有关的一些简单结论．

**定理 3.3**　如果向量组中有一部分向量(部分组)线性相关，则整个向量组线性相关；线性无关的向量组中的任何一部分组皆线性无关．

**证明**　设 $\boldsymbol{A}=(\boldsymbol{\alpha}_1,\boldsymbol{\alpha}_2,\cdots,\boldsymbol{\alpha}_m)$，$\boldsymbol{B}=(\boldsymbol{\alpha}_1,\boldsymbol{\alpha}_2,\cdots,\boldsymbol{\alpha}_m,\boldsymbol{\alpha}_{m+1})$，有 $R(\boldsymbol{B})\leqslant R(\boldsymbol{A})+1$.

(1) 若向量组 $\boldsymbol{\alpha}_1,\boldsymbol{\alpha}_2,\cdots,\boldsymbol{\alpha}_m$ 线性相关，则根据定理 3.2，有 $R(\boldsymbol{A})<\boldsymbol{m}$，从而 $R(\boldsymbol{B})\leqslant R(\boldsymbol{A})+1<m+1$，因此根据定理 3.2，知向量组 $\boldsymbol{\alpha}_1,\boldsymbol{\alpha}_2,\cdots,\boldsymbol{\alpha}_m,\boldsymbol{\alpha}_{m+1}$ 线性相关．

(2) 若向量组 $\boldsymbol{\alpha}_1,\boldsymbol{\alpha}_2,\cdots,\boldsymbol{\alpha}_m,\boldsymbol{\alpha}_{m+1}$ 线性无关，则根据定理 3.2，有 $R(\boldsymbol{B})=\boldsymbol{m}+1$，从而 $m+1=R(\boldsymbol{B})\leqslant R(\boldsymbol{A})+1$，即 $m\leqslant R(\boldsymbol{A})$；又矩阵 $\boldsymbol{A}$ 只有 $m$ 个列，从而 $R(\boldsymbol{A})\leqslant m$. 故 $R(\boldsymbol{A})=\boldsymbol{m}$，故向量组 $\boldsymbol{\alpha}_1,\boldsymbol{\alpha}_2,\cdots,\boldsymbol{\alpha}_m$ 线性无关．

类似可证给向量组增加或减少向量的个数大于 1 时，定理的结论仍然成立．

**定理 3.4**　线性相关的向量组减少分量的个数仍线性相关；线性无关的向量组增加分量的个数仍线性无关．

**证明**　设 $\boldsymbol{\alpha}_j=\begin{pmatrix} \alpha_{1j} \\ \vdots \\ \alpha_{rj} \end{pmatrix},\boldsymbol{\beta}_j=\begin{pmatrix} \alpha_{1j} \\ \vdots \\ \alpha_{rj} \\ \alpha_{r+1,j} \end{pmatrix}\quad (j=1,2,\cdots,m).$

(1) 记 $\boldsymbol{A}_{r\times m}=(\boldsymbol{\alpha}_1,\boldsymbol{\alpha}_2,\cdots,\boldsymbol{\alpha}_m)$，$\boldsymbol{B}_{(r+1)\times m}=(\boldsymbol{\beta}_1,\boldsymbol{\beta}_2,\cdots,\boldsymbol{\beta}_m)$，有 $R(\boldsymbol{A})\leqslant R(\boldsymbol{B})$. 若

向量组 $\boldsymbol{\alpha}_1,\boldsymbol{\alpha}_2,\cdots,\boldsymbol{\alpha}_m$ 线性无关，则 $R(\boldsymbol{A})=\boldsymbol{m}$，从而 $m\leqslant R(\boldsymbol{B})$. 但矩阵 $\boldsymbol{B}$ 只有 $\boldsymbol{m}$ 列，必满足 $R(\boldsymbol{B})\leqslant m$. 故 $R(\boldsymbol{B})=m$，因此向量组 $\boldsymbol{\beta}_1,\boldsymbol{\beta}_2,\cdots,\boldsymbol{\beta}_m$ 线性无关.

(2) 若向量组 $\boldsymbol{\beta}_1,\boldsymbol{\beta}_2,\cdots,\boldsymbol{\beta}_m$ 线性相关. 假设 $\boldsymbol{\alpha}_1,\boldsymbol{\alpha}_2,\cdots,\boldsymbol{\alpha}_m$ 线性无关，由(1)知，向量组 $\boldsymbol{\beta}_1,\boldsymbol{\beta}_2,\cdots,\boldsymbol{\beta}_m$ 线性无关. 与 $\boldsymbol{\beta}_1,\boldsymbol{\beta}_2,\cdots,\boldsymbol{\beta}_m$ 线性相关矛盾.

故向量组 $\boldsymbol{\alpha}_1,\boldsymbol{\alpha}_2,\cdots,\boldsymbol{\alpha}_m$ 线性相关.

**定理 3.5**　当向量组中所含向量的个数大于向量的维数时，此向量组必线性相关.

**证明**　$m$ 个 $n$ 维向量 $\boldsymbol{\alpha}_1,\boldsymbol{\alpha}_2,\cdots,\boldsymbol{\alpha}_m$ 构成矩阵 $\boldsymbol{A}_{n\times m}=(\boldsymbol{\alpha}_1,\boldsymbol{\alpha}_2,\cdots,\boldsymbol{\alpha}_m)$，有 $R(\boldsymbol{A})\leqslant n$. 若 $n<m$，则 $R(\boldsymbol{A})<m$，故 $m$ 个 $n$ 维向量 $\boldsymbol{\alpha}_1,\boldsymbol{\alpha}_2,\cdots,\boldsymbol{\alpha}_m$ 线性相关.

由线性相关、线性无关的定义，不难得出

**定理 3.6**　若向量组 $\boldsymbol{\alpha}_1,\cdots,\boldsymbol{\alpha}_m,\boldsymbol{\beta}$ 线性相关，而向量组 $\boldsymbol{\alpha}_1,\cdots,\boldsymbol{\alpha}_m$ 线性无关，则向量 $\boldsymbol{\beta}$ 可由 $\boldsymbol{\alpha}_1,\cdots,\boldsymbol{\alpha}_m$ 线性表示且表示法唯一.

**证明**　记 $\boldsymbol{A}=(\boldsymbol{\alpha}_1,\boldsymbol{\alpha}_2,\cdots,\boldsymbol{\alpha}_m)$，$\boldsymbol{B}=(\boldsymbol{\alpha}_1,\boldsymbol{\alpha}_2,\cdots,\boldsymbol{\alpha}_m,\boldsymbol{\beta})$，有 $R(\boldsymbol{A})\leqslant R(\boldsymbol{B})$. 因 $\boldsymbol{A}$ 组线性无关，有 $R(\boldsymbol{A})=\boldsymbol{m}$；因 $\boldsymbol{B}$ 组线性相关，有 $R(\boldsymbol{B})<\boldsymbol{m}+1$. 所以 $m\leqslant R(\boldsymbol{B})<m+1$，即 $R(\boldsymbol{B})=\boldsymbol{m}$.

由 $R(\boldsymbol{A})=R(\boldsymbol{B})=m$ 及上章定理 2.8 知，线性方程组

$$(\boldsymbol{\alpha}_1,\boldsymbol{\alpha}_2,\cdots,\boldsymbol{\alpha}_m)\boldsymbol{x}=\boldsymbol{\beta}$$

有唯一解，即向量 $\beta$ 能由向量组 $\boldsymbol{\alpha}_1,\cdots,\boldsymbol{\alpha}_m$ 线性表示，且表示唯一的.

**例 3.7**　设向量组 $\boldsymbol{a}_1,\boldsymbol{a}_2,\boldsymbol{a}_3$ 线性相关，向量组 $\boldsymbol{a}_2,\boldsymbol{a}_3,\boldsymbol{a}_4$ 线性无关，证明

(1) $\boldsymbol{a}_1$ 能由 $\boldsymbol{a}_2,\boldsymbol{a}_3$ 线性表示；

(2) $\boldsymbol{a}_4$ 不能由 $\boldsymbol{a}_1,\boldsymbol{a}_2,\boldsymbol{a}_3$ 线性表示.

**解**　(1) 由于向量组 $\boldsymbol{a}_2,\boldsymbol{a}_3,\boldsymbol{a}_4$ 线性无关，则它的部分组 $\boldsymbol{a}_2,\boldsymbol{a}_3$ 线性无关，又 $\boldsymbol{a}_1,\boldsymbol{a}_2,\boldsymbol{a}_3$ 线性相关，根据定理 3.6，得 $\boldsymbol{a}_1$ 能由 $\boldsymbol{a}_2,\boldsymbol{a}_3$ 线性表示，且表示唯一；

(2) 假设 $\boldsymbol{a}_4$ 能由 $\boldsymbol{a}_1,\boldsymbol{a}_2,\boldsymbol{a}_3$ 线性表示，根据(1)知，$\boldsymbol{a}_1$ 能由 $\boldsymbol{a}_2,\boldsymbol{a}_3$ 线性表示. 故 $\boldsymbol{a}_4$ 可由 $\boldsymbol{a}_2,\boldsymbol{a}_3$ 线性表示，与已知 $\boldsymbol{a}_2,\boldsymbol{a}_3,\boldsymbol{a}_4$ 线性无关矛盾. 因此，$\boldsymbol{a}_4$ 不能由 $\boldsymbol{a}_1,\boldsymbol{a}_2,\boldsymbol{a}_3$ 线性表示.

## 3.4　向量组的秩

由于向量组 $\boldsymbol{A}:\boldsymbol{\alpha}_1,\boldsymbol{\alpha}_2,\cdots,\boldsymbol{\alpha}_s$ 与矩阵 $\boldsymbol{A}=(\boldsymbol{\alpha}_1,\boldsymbol{\alpha}_2,\cdots,\boldsymbol{\alpha}_s)$ 具有对应关系. 矩阵有秩，我们称矩阵 $\boldsymbol{A}$ 的最高阶非零子式的阶数为矩阵的秩. 以下我们讨论向量组的秩.

由前一节容易看出，一个线性相关的向量组，只要所含的向量不全是零向量，就一定存在着线性无关的一部分向量. 在这些线性无关的部分向量组中，最重要的就是所谓极大无关向量组.

### 3.4.1 极大线性无关向量组

**定义 3.7** 设有向量组 $\boldsymbol{A}$:$\boldsymbol{\alpha}_1,\boldsymbol{\alpha}_2,\cdots,\boldsymbol{\alpha}_s$,若在向量组 $\boldsymbol{A}$ 中有 $r$ 个向量 $\boldsymbol{\alpha}_1,\boldsymbol{\alpha}_2,\cdots,\boldsymbol{\alpha}_r$ 构成部分组,满足

(1) 向量组 $\boldsymbol{A}_0$:$\boldsymbol{\alpha}_1,\boldsymbol{\alpha}_2,\cdots,\boldsymbol{\alpha}_r$ 线性无关;

(2) 向量组 $\boldsymbol{A}$ 中任意 $r+1$ 个向量(若有的话)都线性相关.

则称向量组 $\boldsymbol{A}_0$ 是向量组 $\boldsymbol{A}$ 的一个极大线性无关向量组(简称为极大无关组).

只含零向量的向量组没有极大无关组.

如果向量组 $\boldsymbol{B}$:$\boldsymbol{\alpha}_{j_1},\boldsymbol{\alpha}_{j_2},\cdots,\boldsymbol{\alpha}_{j_r}$ 是向量组 $\boldsymbol{A}$:$\boldsymbol{\alpha}_1,\boldsymbol{\alpha}_2,\cdots,\boldsymbol{\alpha}_s$ 的线性无关部分组,且向量组 $\boldsymbol{A}$:$\boldsymbol{\alpha}_1,\boldsymbol{\alpha}_2,\cdots,\boldsymbol{\alpha}_s$ 中的每一个向量都可由 $\boldsymbol{B}$:$\boldsymbol{\alpha}_{j_1},\boldsymbol{\alpha}_{j_2},\cdots,\boldsymbol{\alpha}_{j_r}$ 线性表示,则依据定义 3.7 知,$\boldsymbol{B}$:$\boldsymbol{\alpha}_{j_1},\boldsymbol{\alpha}_{j_2},\cdots,\boldsymbol{\alpha}_{j_r}$ 是 $\boldsymbol{A}$:$\boldsymbol{\alpha}_1,\boldsymbol{\alpha}_2,\cdots,\boldsymbol{\alpha}_s$ 的一个极大无关组. 因此有

**定义 3.7′** 如果向量组 $\boldsymbol{B}$ 是向量组 $\boldsymbol{A}$ 的线性无关部分组,且向量组 $\boldsymbol{A}$ 能由向量组 $\boldsymbol{B}$ 线性表示,则向量组 $\boldsymbol{B}$ 是向量组 $\boldsymbol{A}$ 的一个极大无关组.

由定义 3.7′知,向量组与其极大线性无关组可相互线性表示,即向量组与其极大线性无关组等价.

例如:二维向量组 $\boldsymbol{\alpha}_1=\begin{pmatrix}0\\1\end{pmatrix},\boldsymbol{\alpha}_2=\begin{pmatrix}1\\0\end{pmatrix},\boldsymbol{\alpha}_3=\begin{pmatrix}1\\1\end{pmatrix},\boldsymbol{\alpha}_4=\begin{bmatrix}0\\2\end{bmatrix}$,因为任何三个二维向量组必定线性相关,又 $\boldsymbol{\alpha}_1,\boldsymbol{\alpha}_2$ 线性无关,故 $\boldsymbol{\alpha}_1,\boldsymbol{\alpha}_2$ 是向量组的一个极大无关组;易知 $\boldsymbol{\alpha}_2,\boldsymbol{\alpha}_3$ 也是向量组的一个极大无关组.

**注 3.2** 向量组的极大无关组可能不止一个,但它们所含向量的个数 $r$ 是相同的.

这是因为:假设向量组 $\boldsymbol{A}$:$\boldsymbol{\alpha}_1,\boldsymbol{\alpha}_2,\cdots,\boldsymbol{\alpha}_s$ 存在两个含向量的个数不同的极大无关组 $\boldsymbol{B}_1$:$\boldsymbol{\alpha}_{j_1},\boldsymbol{\alpha}_{j_2},\cdots,\boldsymbol{\alpha}_{j_r}$ 和 $\boldsymbol{B}_2$:$\boldsymbol{\alpha}_{j_1},\boldsymbol{\alpha}_{j_2},\cdots,\boldsymbol{\alpha}_{j_t}$,不妨设 $r<t$,当 $\boldsymbol{B}_1$ 是向量组 $\boldsymbol{A}$ 的一个极大无关组时,据定义 3.7 知,$\boldsymbol{B}_2$ 必然线性相关,矛盾.

**定义 3.8** 向量组的极大无关组含向量的个数 $r$ 为向量组 $\boldsymbol{A}$:$\boldsymbol{\alpha}_1,\boldsymbol{\alpha}_2,\cdots,\boldsymbol{\alpha}_s$ 的秩,记为 $R(\boldsymbol{\alpha}_1,\cdots,\boldsymbol{\alpha}_s)=r$. 规定:由零向量组的秩为 0.

### 3.4.2 矩阵与向量组秩的关系

对于只含有有限个向量的向量组 $\boldsymbol{A}$:$\boldsymbol{\alpha}_1,\boldsymbol{\alpha}_2,\cdots,\boldsymbol{\alpha}_s$,它可以构成矩阵

$\boldsymbol{A}=(\boldsymbol{\alpha}_1,\boldsymbol{\alpha}_2,\cdots,\boldsymbol{\alpha}_s)$. 把定义 3.7、定义 3.8 与矩阵的最高阶非零子式及矩阵的秩的定义做比较,容易想到向量组 $\boldsymbol{A}$:$\boldsymbol{\alpha}_1,\boldsymbol{\alpha}_2,\cdots,\boldsymbol{\alpha}_s$ 的秩就等于矩阵 $\boldsymbol{A}=(\boldsymbol{\alpha}_1,\boldsymbol{\alpha}_2,\cdots,\boldsymbol{\alpha}_s)$的秩,即有

**定理 3.7** 设 $\boldsymbol{A}$ 为 $m\times n$ 矩阵,则矩阵 $\boldsymbol{A}$ 的秩等于它的列向量组的秩,也等于它的行向量组的秩.

**证明** 设 $\boldsymbol{A}=(\boldsymbol{\alpha}_1,\boldsymbol{\alpha}_2,\cdots,\boldsymbol{\alpha}_m)$,$R(\boldsymbol{A})=\boldsymbol{r}$,并设 $r$ 阶子式 $D_r\neq0$,根据本章推

论 3.1,由 $D_r \neq 0$ 知 $D_r$ 所在的 $r$ 列线性无关;又由 $\boldsymbol{A}$ 中所有 $r+1$ 阶子式均为零,知 $\boldsymbol{A}$ 中任意 $r+1$ 个列向量都线性相关. 因此 $D_r$ 所在的 $r$ 列是 $\boldsymbol{A}$ 的列向量组的一个极大无关组,所以列向量组的秩等于 $r$.

类似可证,矩阵 $\boldsymbol{A}$ 的行向量组的秩也等于 $R(\boldsymbol{A})=r$.

向量组 $\boldsymbol{\alpha}_1,\boldsymbol{\alpha}_2,\cdots,\boldsymbol{\alpha}_m$ 的秩我们记作 $R(\boldsymbol{\alpha}_1,\boldsymbol{\alpha}_2,\cdots,\boldsymbol{\alpha}_m)$.

从上述证明可见,若 $D_r$ 是矩阵 $\boldsymbol{A}$ 的一个最高阶非零子式,则 $D_r$ 所在的 $r$ 列是 $\boldsymbol{A}$ 的列向量组的一个极大无关组,$D_r$ 所在的 $r$ 行是 $\boldsymbol{A}$ 的行向量组的一个极大无关组.

以向量组中各向量为列向量组成矩阵后,只作初等行变换将该矩阵化为行阶梯形矩阵,则可直接写出所求向量组的极大无关组;

同理,也以向量组中各向量为行向量组成矩阵,通过作初等列变换来求所求向量组的极大无关组.

**例 3.8**　设矩阵 $\boldsymbol{A}=\begin{pmatrix}2 & 1 & -3 & 1 & 8\\ 1 & 1 & -2 & 1 & 4\\ 4 & -6 & 2 & -2 & 4\\ 3 & 6 & -9 & 6 & 12\end{pmatrix}$,求矩阵 $\boldsymbol{A}$ 的列向量组的一个极大无关组,并把其余向量用极大无关组线性表示.

**解**　对 $\boldsymbol{A}$ 施行初等行变换化为行阶梯形矩阵:

$$\boldsymbol{A}=\begin{pmatrix}1 & 1 & -2 & 1 & 4\\ 0 & 1 & -1 & 1 & 0\\ 0 & 0 & 0 & 1 & -3\\ 0 & 0 & 0 & 0 & 0\end{pmatrix}\to\begin{pmatrix}1 & 0 & -1 & 0 & 4\\ 0 & 1 & -1 & 0 & -3\\ 0 & 0 & 0 & 1 & -3\\ 0 & 0 & 0 & 0 & 0\end{pmatrix}.$$

知 $R(\boldsymbol{A})=3$,故列向量组的极大无关组含三个向量. 而三个非零行的非零首元在 1,2,4 三列,故 $\boldsymbol{\alpha}_1,\boldsymbol{\alpha}_2,\boldsymbol{\alpha}_4$ 为列向量组的一个极大无关组. 由 $\boldsymbol{A}$ 的行最简形矩阵,有

$$\boldsymbol{\alpha}_3=-\boldsymbol{\alpha}_1-\boldsymbol{\alpha}_2,$$
$$\boldsymbol{\alpha}_5=4\boldsymbol{\alpha}_1+3\boldsymbol{\alpha}_2-3\boldsymbol{\alpha}_4.$$

我们知道,矩阵 $\boldsymbol{A}$ 经过初等变换后所得的矩阵 $\boldsymbol{B}$ 与原矩阵等价. 本例的解法表明:如果 $\boldsymbol{A}_{m\times n}$ 与 $\boldsymbol{B}_{1\times n}$ 的行向量组等价,则方程组 $\boldsymbol{Ax}=\boldsymbol{0}$ 与 $\boldsymbol{Bx}=\boldsymbol{0}$ 同解,从而 $\boldsymbol{A}$ 的列向量组中向量之间与 $\boldsymbol{B}$ 的列向量组中向量之间有相同的线性关系. 如果 $\boldsymbol{B}$ 是行最简形矩阵,则容易看出 $\boldsymbol{B}$ 的列向量组中向量的线性关系,从而也就得到 $\boldsymbol{A}$ 的列向量组中向量的线性关系.

**例 3.9**　求向量组

$\boldsymbol{\alpha}_1=(1,2,-1,1)^{\mathrm{T}},\boldsymbol{\alpha}_2=(2,0,t,0)^{\mathrm{T}},\boldsymbol{\alpha}_3=(0,-4,5,-2)^{\mathrm{T}},\boldsymbol{\alpha}_4=(3,-2,t+4,-1)^{\mathrm{T}}$

的秩和一个极大无关组.

**解**　向量的分量中含参数 $t$，向量组的秩和极大无关组与 $t$ 的取值有关．对下列矩阵作初等行变换：

$$(\boldsymbol{\alpha}_1,\boldsymbol{\alpha}_2,\boldsymbol{\alpha}_3,\boldsymbol{\alpha}_4)=\begin{bmatrix}1&2&0&3\\2&0&-4&-2\\-1&t&5&t+4\\1&0&-2&-1\end{bmatrix}\rightarrow\begin{bmatrix}1&2&0&3\\0&-4&-4&-8\\0&t+2&5&t+7\\0&-2&-2&-4\end{bmatrix}\rightarrow\begin{bmatrix}1&2&0&3\\0&1&1&2\\0&0&3-t&3-t\\0&0&0&0\end{bmatrix},$$

显然，$\boldsymbol{\alpha}_1,\boldsymbol{\alpha}_2$ 线性无关，且

(1) $t=3$ 时，则 $R(\boldsymbol{\alpha}_1,\boldsymbol{\alpha}_2,\boldsymbol{\alpha}_3,\boldsymbol{\alpha}_4)=2$，且 $\boldsymbol{\alpha}_1,\boldsymbol{\alpha}_2$ 是极大无关组；

(2) $t\neq3$ 时，则 $R(\boldsymbol{\alpha}_1,\boldsymbol{\alpha}_2,\boldsymbol{\alpha}_3,\boldsymbol{\alpha}_4)=3$，$\boldsymbol{\alpha}_1,\boldsymbol{\alpha}_2,\boldsymbol{\alpha}_3$ 是极大无关组．

### 3.4.3　向量组秩的一些简单结论

**定理 3.8**　若向量组 $\boldsymbol{B}$ 能由向量组 $\boldsymbol{A}$ 线性表示，则 $R(\boldsymbol{B})\leqslant R(\boldsymbol{A})$.

**证明**　设向量组 $\boldsymbol{B}$ 的一个极大无关组为 $\boldsymbol{B}_0:\boldsymbol{b}_1,\cdots,\boldsymbol{b}_r$，向量组 $\boldsymbol{A}$ 的一个极大无关组为 $\boldsymbol{A}_0:\boldsymbol{a}_1,\cdots,\boldsymbol{a}_s$，要证 $r\leqslant s$.

因 $\boldsymbol{B}_0$ 组能由 $\boldsymbol{B}$ 组线性表示，$\boldsymbol{B}$ 组能由 $\boldsymbol{A}$ 组线性表示，$\boldsymbol{A}$ 组能由 $\boldsymbol{A}_0$ 组线性表示，故 $\boldsymbol{B}_0$ 组能由 $\boldsymbol{A}_0$ 组线性表示，即存在系数矩阵 $\boldsymbol{K}_{sr}=(k_{ij})_{s\times r}$ 使

$$(\boldsymbol{b}_1,\cdots,\boldsymbol{b}_r)=(\boldsymbol{a}_1,\cdots,\boldsymbol{a}_s)\begin{pmatrix}k_{11}&\cdots&k_{1r}\\\vdots&&\vdots\\k_{s1}&\cdots&k_{sr}\end{pmatrix}.$$

如果 $r>s$，则方程组

$$\boldsymbol{K}_{sr}\begin{pmatrix}x_1\\\vdots\\x_r\end{pmatrix}=\boldsymbol{0}\quad（简记为 \boldsymbol{Kx}=\boldsymbol{0}）$$

有非零解（因 $R(\boldsymbol{K})\leqslant s<r$），从而方程组 $(\boldsymbol{a}_1,\cdots,\boldsymbol{a}_s)\boldsymbol{Kx}=\boldsymbol{0}$ 有非零解，即 $(\boldsymbol{b}_1,\cdots,\boldsymbol{b}_r)\boldsymbol{x}=\boldsymbol{0}$ 有非零解，这与 $\boldsymbol{B}_0$ 组线性无关矛盾，因此 $r>s$ 不能成立，所以 $r\leqslant s$.

由定理 3.8 可得

**推论 3.2**　等价的向量组的秩相等．

据定理 3.8 可证矩阵秩的性质(3)：设 $\boldsymbol{C}_{m\times n}=\boldsymbol{A}_{m\times s}\boldsymbol{B}_{s\times n}$，则 $r(\boldsymbol{C})\leqslant\min\{r(\boldsymbol{A}),r(\boldsymbol{B})\}$.

**例 3.10**　设 $\boldsymbol{A}$ 是 $n\times m$ 阶矩阵，$\boldsymbol{B}$ 是 $m\times n$ 阶矩阵，且 $n<m$. 若 $\boldsymbol{AB}=\boldsymbol{E}$，试证 $\boldsymbol{B}$ 的列向量组线性无关．

**证明**　因为 $R(\boldsymbol{B})\leqslant\min\{m,n\}=n$，又 $R(\boldsymbol{AB})\leqslant R(\boldsymbol{B})$，而 $R(\boldsymbol{AB})=R(\boldsymbol{E})=\boldsymbol{n}$，故 $R(\boldsymbol{B})=n$. 即 $\boldsymbol{B}$ 的列向量组线性无关．

**例 3.11**　已知$(\boldsymbol{a}_1,\boldsymbol{a}_2)=\begin{pmatrix}2&3\\0&-2\\-1&1\\3&-1\end{pmatrix}$，$(\boldsymbol{b}_1,\boldsymbol{b}_2)=\begin{pmatrix}-5&4\\6&-4\\-5&3\\9&-5\end{pmatrix}$，证明向量组$(\boldsymbol{a}_1,\boldsymbol{a}_2)$与$(\boldsymbol{b}_1,\boldsymbol{b}_2)$等价．

**证明**　要证存在 2 阶方阵 $\boldsymbol{X},\boldsymbol{Y}$，使

$$(\boldsymbol{b}_1,\boldsymbol{b}_2)=(\boldsymbol{a}_1,\boldsymbol{a}_2)\boldsymbol{X},(\boldsymbol{a}_1,\boldsymbol{a}_2)=(\boldsymbol{b}_1,\boldsymbol{b}_2)\boldsymbol{Y}.$$

先求 $\boldsymbol{X}$. 类似于线性方程组求解的方法，对增广矩阵$(\boldsymbol{a}_1,\boldsymbol{a}_2,\boldsymbol{b}_1,\boldsymbol{b}_2)$施行初等行变换变为最简形矩阵：

$$(\boldsymbol{a}_1,\boldsymbol{a}_2,\boldsymbol{b}_1,\boldsymbol{b}_2)=\begin{pmatrix}2&3&-5&4\\0&-2&6&-4\\-1&1&-5&3\\3&-1&9&-5\end{pmatrix}\to\begin{pmatrix}-1&1&-5&3\\0&-2&6&-4\\0&5&-15&10\\0&2&-6&4\end{pmatrix}$$

$$\to\begin{pmatrix}-1&1&-5&3\\0&1&-3&2\\0&0&0&0\\0&0&0&0\end{pmatrix}\to\begin{pmatrix}1&0&2&-1\\0&1&-3&2\\0&0&0&0\\0&0&0&0\end{pmatrix},$$

得$\begin{cases}\boldsymbol{b}_1=2\boldsymbol{a}_1-3\boldsymbol{a}_2\\\boldsymbol{b}_2=-\boldsymbol{a}_1+2\boldsymbol{a}_2\end{cases}$，即$(\boldsymbol{b}_1,\boldsymbol{b}_2)=(\boldsymbol{a}_1,\boldsymbol{a}_2)X=(\boldsymbol{a}_1,\boldsymbol{a}_2)\begin{pmatrix}2&-1\\-3&2\end{pmatrix}$.

因为$|\boldsymbol{X}|=\begin{vmatrix}2&-1\\-3&2\end{vmatrix}=1\neq 0$ 知 $\boldsymbol{X}$ 可逆，取 $\boldsymbol{Y}=\boldsymbol{X}^{-1}$，即为所求．因此向量组$(\boldsymbol{a}_1,\boldsymbol{a}_2)$与$(\boldsymbol{b}_1,\boldsymbol{b}_2)$等价．

## *3.5　向量空间

几何中，“空间”通常作为点的集合，即作为“空间”的元素是点，这样的空间叫做点空间．我们把 3 维向量的全体所组成的集合

$$R^3=\{\boldsymbol{r}=(x,y,z)^{\mathrm{T}}\mid x,y,z\in R\}$$

叫做三维向量空间．在点空间取定坐标系以后，空间的点 $P(x,y,z)$与 3 维向量 $\boldsymbol{r}=(x,y,z)^{\mathrm{T}}$ 之间有一一对应关系，因此向量空间可以类比为取定坐标系的点空间．

类似地，$n$ 维向量的全体所组成的集合

$$R^n=\{\boldsymbol{x}=(x_1,x_2,\cdots,x_n)^{\mathrm{T}}\mid x_1,x_2,\cdots,x_n\in R\}$$

叫做 $n$ 维向量空间．不过当 $n>3$ 时，$R^n$ 就没有直观的几何意义了．

下面介绍向量空间的有关知识．

**定义 3.9** 设 $V$ 为 $n$ 维向量的集合，如果集合 $V$ 非空，且集合 $V$ 对于加法及数乘两种运算封闭，那么就称集合 $V$ 为向量空间．

所谓封闭，是指在集合 $V$ 中，可以进行加法及乘数两种运算．具体地说：

若 $\boldsymbol{a}\in V,\boldsymbol{b}\in V$，则 $\boldsymbol{a}+\boldsymbol{b}\in V$；

若 $\boldsymbol{a}\in V,\lambda\in \boldsymbol{R}$，则 $\lambda\boldsymbol{a}\in V$.

**例 3.12** 集合 $V=\{\boldsymbol{x}=(0,x_2,\cdots,x_n)^{\mathrm{T}}\mid x_2,\cdots,x_n\in\mathbf{R}\}$ 是一个向量空间．

因为若 $\boldsymbol{a}=(0,a_2,a_3,\cdots,a_n)^{\mathrm{T}}\in V,\boldsymbol{b}=(0,b_2,b_3,\cdots,b_n)^{\mathrm{T}}\in V,\lambda\in\mathbf{R}$，则

$$\boldsymbol{a}+\boldsymbol{b}=(0,a_2+b_2,a_3+b_3,\cdots,a_n+b_n)^{\mathrm{T}}\in V,\lambda\boldsymbol{a}=(0,\lambda a_2,\lambda a_3,\cdots,\lambda a_n)^{\mathrm{T}}\in V.$$

**例 3.13** 集合 $V=\{\boldsymbol{x}=(1,x_2,\cdots,x_n)^{\mathrm{T}}\mid x_2,\cdots,x_n\in\mathbf{R}\}$ 不是一个向量空间．

因为 $\boldsymbol{a}=(1,a_2,a_3,\cdots,a_n)^{\mathrm{T}}\in V$，则 $2\boldsymbol{a}=(2,2a_2,2a_3,\cdots,2a_n)^{\mathrm{T}}\notin V$.

**例 3.14** 设 $\boldsymbol{a},\boldsymbol{b}$ 为两个已知的 $n$ 维向量，集合 $V=\{\boldsymbol{x}=\lambda\boldsymbol{a}+\mu\boldsymbol{b}\mid\lambda,\mu\in\mathbf{R}\}$ 也是一个向量空间．因为 $\boldsymbol{x}_1=\lambda_1\boldsymbol{a}+\mu_1\boldsymbol{b},\boldsymbol{x}_2=\lambda_2\boldsymbol{a}+\mu_2\boldsymbol{b}$，则有

$$\boldsymbol{x}_1+\boldsymbol{x}_2=(\lambda_1+\lambda_2)\boldsymbol{a}+(\mu_1+\mu_2)\boldsymbol{b}\in V,$$
$$k\boldsymbol{x}_1=(k\lambda_1)\boldsymbol{a}+(k\mu_1)\boldsymbol{b}\in V.$$

这个向量空间称为由 $\boldsymbol{a},\boldsymbol{b}$ 所生成的向量空间．

一般地，由向量组 $\boldsymbol{a}_1,\boldsymbol{a}_2,\cdots,\boldsymbol{a}_m$ 所生成的向量空间为

$$V=\{\boldsymbol{x}=\lambda_1\boldsymbol{a}_1+\lambda_2\boldsymbol{a}_2+\cdots+\lambda_m\boldsymbol{a}_m\mid\lambda_1,\lambda_2,\cdots,\lambda_m\in R\}.$$

**例 3.15** 设向量组 $\boldsymbol{a}_1,\boldsymbol{a}_2,\cdots,\boldsymbol{a}_m$ 与向量组 $\boldsymbol{b}_1,\boldsymbol{b}_2,\cdots,\boldsymbol{b}_m$ 等价，记

$$V_1=\{\boldsymbol{x}=\lambda_1\boldsymbol{a}_1+\lambda_2\boldsymbol{a}_2+\cdots+\lambda_m\boldsymbol{a}_m\mid\lambda_1,\lambda_2,\cdots,\lambda_m\in\mathbf{R}\},$$
$$V_2=\{\boldsymbol{x}=\mu_1\boldsymbol{b}_1+\mu_2\boldsymbol{b}_2+\cdots+\mu_s\boldsymbol{b}_s\mid\mu_1,\mu_2,\cdots,\mu_s\in\mathbf{R}\},$$

试证：$V_1=V_2$.

**证明** 设 $\boldsymbol{x}\in V_1$，则 $X$ 可由向量组 $\boldsymbol{a}_1,\boldsymbol{a}_2,\cdots,\boldsymbol{a}_m$ 线性表示．因为向量组 $\boldsymbol{a}_1,\boldsymbol{a}_2,\cdots,\boldsymbol{a}_m$ 与向量组 $\boldsymbol{b}_1,\boldsymbol{b}_2,\cdots,\boldsymbol{b}_m$ 等价，故，$\boldsymbol{x}$ 也可由向量组 $\boldsymbol{b}_1,\boldsymbol{b}_2,\cdots,\boldsymbol{b}_m$ 线性表示，所以，$\boldsymbol{x}\in V_2$，因此 $V_1\subset V_2$.

同理可证：若 $\boldsymbol{x}\in V_2$，则 $\boldsymbol{x}\in V_1$，因此 $V_2\subset V_1$.

因为 $V_1\subset V_2$ 且 $V_2\subset V_1$，所以 $V_1=V_2$.

**定义 3.10** 设有向量空间 $V_1$ 及 $V_2$，若 $V_1\subset V_2$，就称 $V_1$ 是 $V_2$ 的子空间．

**定义 3.11** 设 $V$ 为向量空间，如果 $r$ 个向量 $\boldsymbol{a}_1,\boldsymbol{a}_2,\cdots,\boldsymbol{a}_r\in V$，且满足

(1) $\boldsymbol{a}_1,\boldsymbol{a}_2,\cdots,\boldsymbol{a}_r$ 线性无关；

(2) $V$ 中任一向量都可由 $\boldsymbol{a}_1,\boldsymbol{a}_2,\cdots,\boldsymbol{a}_r$ 线性表示，

那么，向量组 $\boldsymbol{a}_1,\boldsymbol{a}_2,\cdots,\boldsymbol{a}_r$ 就称为向量空间 $V$ 的一个基，$r$ 称为向量空间 $V$ 的维数，并称 $V$ 为 $r$ 维向量空间．

例如 $V=\{\mathbf{0}\}$ 没有基，所以 $V$ 的维数为 0，0 维向量空间只含有一个零向量 $\mathbf{0}$.

若把向量空间 $V$ 看作向量组，则按照定义 3.5 知，$V$ 的基就是向量组的最大无关组，$V$ 的维数就是向量组的秩．

由于任何 $n$ 个线性无关的 $n$ 个向量都可以作为向量空间 $R^n$ 的一个基，且由此可知，$R^n$ 的维数为 $n$. 所以，$R^n$ 的又被称为 $n$ 向量空间．

例如，向量空间 $V=\{\boldsymbol{x}=(0,x_2,\cdots,x_n)^{\mathrm{T}}\mid x_2,\cdots,x_n\in\mathbf{R}\}$ 的一个基可以取为

$$\boldsymbol{e}_2=(0,1,0,\cdots,0)^{\mathrm{T}},\boldsymbol{e}_3=(0,0,1,\cdots,0)^{\mathrm{T}},\cdots,\boldsymbol{e}_n=(0,0,0,\cdots,1)^{\mathrm{T}}.$$

并由此可知它是 $n-1$ 维向量空间．

由向量组 $\boldsymbol{a}_1,\boldsymbol{a}_2,\cdots,\boldsymbol{a}_m$ 所生成的向量空间

$$V=\{\boldsymbol{x}=\lambda_1\boldsymbol{a}_1+\lambda_2\boldsymbol{a}_2+\cdots+\lambda_m\boldsymbol{a}_m\mid\lambda_1,\lambda_2,\cdots,\lambda_m\in\mathbf{R}\},$$

显然向量空间 $V$ 与向量组 $\boldsymbol{a}_1,\boldsymbol{a}_2,\cdots,\boldsymbol{a}_m$ 等价，所以向量组 $\boldsymbol{a}_1,\boldsymbol{a}_2,\cdots,\boldsymbol{a}_m$ 的最大无关组就是 $V$ 的一个基，向量组 $\boldsymbol{a}_1,\boldsymbol{a}_2,\cdots,\boldsymbol{a}_m$ 的秩就是 $V$ 的维数．

若向量空间 $V\subset R^n$，则 $V$ 的维数不会超过 $n$，当 $V$ 的维数为 $n$ 时，$V=R^n$.

若向量组 $\boldsymbol{a}_1,\boldsymbol{a}_2,\cdots,\boldsymbol{a}_r$ 是向量空间 $V$ 的一个基，则 $V$ 可表示为

$$V=\{\boldsymbol{x}=\lambda_1\boldsymbol{a}_1+\lambda_2\boldsymbol{a}_2+\cdots+\lambda_r\boldsymbol{a}_r\mid\lambda_1,\lambda_2,\cdots,\lambda_r\in R\},$$

这样就可以清楚地显示出向量空间 $V$ 的构造．

## 习　题　三

1. 已知 $\boldsymbol{\alpha}_1=(1,2,-1),\boldsymbol{\alpha}_2=(2,5,3),\boldsymbol{\alpha}_3=(1,3,4)$，求 $4\boldsymbol{\alpha}_3+(3\boldsymbol{\alpha}_1-2\boldsymbol{\alpha}_2)$.

2. 设 $3(\boldsymbol{\alpha}_1-\boldsymbol{\alpha})+2(\boldsymbol{\alpha}_2+\boldsymbol{\alpha})=5(\boldsymbol{\alpha}_3+\boldsymbol{\alpha})$，其中 $\boldsymbol{\alpha}_1=(2,5,1,3),\boldsymbol{\alpha}_2=(10,1,5,10),\boldsymbol{\alpha}_3=(4,1,-1,1)$，求 $\boldsymbol{\alpha}$.

3. 已知 $\boldsymbol{\alpha}_1=(1,0,1),\boldsymbol{\alpha}_2=(1,1,1),\boldsymbol{\alpha}_3=(0,-1,-1),\boldsymbol{\beta}=(3,5,-6)$，将 $\boldsymbol{\beta}$ 表示成 $\boldsymbol{\alpha}_1,\boldsymbol{\alpha}_2,\boldsymbol{\alpha}_3$ 的线性组合．

4. 试问向量 $\boldsymbol{\beta}$ 能否由其余向量线性表示？若能，写出线性表示式：

$\boldsymbol{\alpha}_1=(3,-3,2)^{\mathrm{T}},\boldsymbol{\alpha}_2=(-2,1,2)^{\mathrm{T}},\boldsymbol{\alpha}_3=(1,2,-1)^{\mathrm{T}},\boldsymbol{\beta}=(4,5,6)^{\mathrm{T}}$.

5. 已知向量组 $(\boldsymbol{B})$：$\boldsymbol{\beta}_1,\boldsymbol{\beta}_2,\boldsymbol{\beta}_3$ 由向量组 $(\boldsymbol{A})$：$\boldsymbol{\alpha}_1,\boldsymbol{\alpha}_2,\boldsymbol{\alpha}_3$ 的线性表示式为

$\boldsymbol{\beta}_1=\boldsymbol{\alpha}_1-\boldsymbol{\alpha}_2+\boldsymbol{\alpha}_3,\boldsymbol{\beta}_2=\boldsymbol{\alpha}_1+\boldsymbol{\alpha}_2-\boldsymbol{\alpha}_3,\boldsymbol{\beta}_3=-\boldsymbol{\alpha}_1+\boldsymbol{\alpha}_2+\boldsymbol{\alpha}_3$

试将向量组$(\boldsymbol{A})$的向量由向量组$(\boldsymbol{B})$的向量线性表示．

6. 判断向量组

$\boldsymbol{\alpha}_1=(1,2,0,1)^{\mathrm{T}},\boldsymbol{\alpha}_2=(1,3,0,-1)^{\mathrm{T}},\boldsymbol{\alpha}_3=(-1,-1,1,0)^{\mathrm{T}}$

是否线性相关．

7. 证明：若向量组 $\boldsymbol{\alpha},\boldsymbol{\beta},\boldsymbol{\gamma}$ 线性无关，则向量组 $\boldsymbol{\alpha}+\boldsymbol{\beta},\boldsymbol{\beta}+\boldsymbol{\gamma},\boldsymbol{\gamma}+\boldsymbol{\alpha}$ 亦线性无关．

8. 求向量组

$\boldsymbol{\alpha}_1=(2,4,2)^{\mathrm{T}},\boldsymbol{\alpha}_2=(1,1,0)^{\mathrm{T}},\boldsymbol{\alpha}_3=(2,3,1)^{\mathrm{T}},\boldsymbol{\alpha}_4=(3,5,2)^{\mathrm{T}}$

的一个极大无关组，并把其余向量用该极大无关组线性表示．

9. 设向量组 $\boldsymbol{B}$ 能由向量组 $\boldsymbol{A}$ 线性表示，且它们的秩相等，证明向量组 $\boldsymbol{A}$ 与向量组 $\boldsymbol{B}$ 等价．

10. 已知向量组(Ⅰ)：$\boldsymbol{\alpha}_1,\boldsymbol{\alpha}_2,\boldsymbol{\alpha}_3$；(Ⅱ)$\boldsymbol{\alpha}_1,\boldsymbol{\alpha}_2,\boldsymbol{\alpha}_3,\boldsymbol{\alpha}_4$；(Ⅲ)$\boldsymbol{\alpha}_1,\boldsymbol{\alpha}_2,\boldsymbol{\alpha}_3,\boldsymbol{\alpha}_5$. 如果各向量组的秩分别为 $R(\boldsymbol{\alpha}_1,\boldsymbol{\alpha}_2,\boldsymbol{\alpha}_3)=R(\boldsymbol{\alpha}_1,\boldsymbol{\alpha}_2,\boldsymbol{\alpha}_3,\boldsymbol{\alpha}_4)=3,R(\boldsymbol{\alpha}_1,\boldsymbol{\alpha}_2,\boldsymbol{\alpha}_3,\boldsymbol{\alpha}_5)=4$，证明：向量组 $\boldsymbol{\alpha}_1,\boldsymbol{\alpha}_2,\boldsymbol{\alpha}_3,\boldsymbol{\alpha}_5-\boldsymbol{\alpha}_4$ 的秩为 4.

# 第 4 章　线性方程组解的结构

线性方程组是线性代数的基本内容之一，它在工程技术的许多领域以及数学的其他分支都有广泛的应用．本章利用矩阵与向量的有关知识，就一般线性方程组解的结构进行讨论．

## 4.1　齐次线性方程组解的结构

齐次线性方程组

$$\begin{cases} a_{11}x_1+a_{12}x_2+\cdots+a_{1n}x_n=0, \\ a_{21}x_1+a_{22}x_2+\cdots+a_{2n}x_n=0, \\ \quad\cdots\cdots \\ a_{n1}x_1+a_{n2}x_2+\cdots+a_{mn}x_n=0, \end{cases} \tag{4.1}$$

若记

$$\mathbf{A}=\begin{pmatrix} a_{11} & a_{12} & \cdots & a_{1n} \\ a_{21} & a_{22} & \cdots & a_{2n} \\ \cdots & \cdots & \cdots & \cdots \\ a_{m1} & a_{m2} & \cdots & a_{mn} \end{pmatrix},\quad \boldsymbol{x}=\begin{pmatrix} x_1 \\ x_2 \\ \vdots \\ x_n \end{pmatrix},\quad \mathbf{0}=\begin{pmatrix} 0 \\ 0 \\ \vdots \\ 0 \end{pmatrix}$$

则式(4.1)可写成矩阵方程

$$\mathbf{A}\boldsymbol{x}=\mathbf{0} \tag{4.2}$$

式(4.1)也可写成向量形式

$$x_1\boldsymbol{\alpha}_1+x_2\boldsymbol{\alpha}_2+\cdots+x_n\boldsymbol{\alpha}_n=\mathbf{0} \tag{4.3}$$

其中 $\boldsymbol{\alpha}_1,\boldsymbol{\alpha}_2,\cdots,\boldsymbol{\alpha}_n$ 为矩阵 $\mathbf{A}$ 的列向量组．

**定义 4.1**　若 $x_1=\xi_{11},x_2=\xi_{21},\cdots,x_n=\xi_{n1}$ 为方程组(4.1)的解，则称

$$\boldsymbol{x}=\boldsymbol{\xi}_1=\begin{pmatrix} \xi_{11} \\ \xi_{21} \\ \vdots \\ \xi_{n1} \end{pmatrix}$$

为方程组(4.1)的解向量，它就是矩阵方程(4.2)的解．

对非齐次线性方程组也有类似定义．

根据方程组(4.2)，我们来讨论解向量的性质．

**性质 4.1**　若 $\boldsymbol{x}=\boldsymbol{\xi}_1,\boldsymbol{x}=\boldsymbol{\xi}_2$ 为方程组(4.2)的解，则 $\boldsymbol{x}=\boldsymbol{\xi}_1+\boldsymbol{\xi}_2$ 也是方程组(4.2)的解．

**证明**　因为 $\boldsymbol{x}=\boldsymbol{\xi}_1,\boldsymbol{x}=\boldsymbol{\xi}_2$ 为方程组(4.2)的解，则 $\boldsymbol{A\xi}_1=\boldsymbol{0},\boldsymbol{A\xi}_2=\boldsymbol{0}$，于是

$$\boldsymbol{A}(\boldsymbol{\xi}_1+\boldsymbol{\xi}_2)=\boldsymbol{A\xi}_1+\boldsymbol{A\xi}_2=\boldsymbol{0}+\boldsymbol{0}=\boldsymbol{0}$$

即 $\boldsymbol{\xi}_1+\boldsymbol{\xi}_2$ 是方程组(4.2)的解．

**性质 4.2**　若 $\boldsymbol{x}=\boldsymbol{\xi}_1$ 为方程组(4.2)的解，$k$ 为实数，则 $\boldsymbol{x}=k\boldsymbol{\xi}_1$ 也是方程组(4.2)的解．

**证明**
$$\boldsymbol{A}(k\boldsymbol{\xi}_1)=k(\boldsymbol{A\xi}_1)=k\cdot\boldsymbol{0}=\boldsymbol{0}$$

上述性质表明：齐次线性方程组(4.1)的解向量的线性组合仍是解向量；若齐次线性方程组(4.1)有非零解，则它有无穷多解．问题是，这无穷多个非零解之间是什么关系？能否用有限个非零解表示所有解呢？

**定义 4.2**　若齐次线性方程组(4.1)的一组解向量 $\boldsymbol{\xi}_1,\boldsymbol{\xi}_2,\cdots,\boldsymbol{\xi}_t$ 满足条件：

(1) $\boldsymbol{\xi}_1,\boldsymbol{\xi}_2,\cdots,\boldsymbol{\xi}_t$ 线性无关；

(2) 方程组(4.1)的任一解向量都可由 $\boldsymbol{\xi}_1,\boldsymbol{\xi}_2,\cdots,\boldsymbol{\xi}_t$ 线性表示；

则称 $\boldsymbol{\xi}_1,\boldsymbol{\xi}_2,\cdots,\boldsymbol{\xi}_t$ 是方程组(4.1)的一个**基础解系**．

根据定义 4.2，如果方程组(4.1)只有零解向量，则方程组(4.1)不存在基础解系；如果方程组(4.1)有非零解向量，那么方程组(4.1)就有无穷多个解向量，把这无穷多个解向量看成一个向量组，那么基础解系就是一个极大无关向量组，于是，只要找出方程组(4.1)的基础解系，则方程组(4.1)的全部解向量就能由基础解系线性表示，即任一解 $\boldsymbol{\xi}$ 可表示为

$$\boldsymbol{\xi}=k_1\boldsymbol{\xi}_1+k_2\boldsymbol{\xi}_2+\cdots+k_t\boldsymbol{\xi}_t \tag{4.4}$$

其中 $k_1,k_2,\cdots,k_t$ 为任意常数．称式(4.4)为齐次线性方程组的**通解**．

设齐次线性方程组(4.1)的系数矩阵 $\boldsymbol{A}$ 的秩为 $r(<n)$，并不妨设 $\boldsymbol{A}$ 的前 $r$ 个列向量线性无关，对 $\boldsymbol{A}$ 施行初等行变换，则 $\boldsymbol{A}$ 一定可以化为如下形式：

$$\boldsymbol{A}\to\begin{pmatrix}1 & \cdots & 0 & b_{1,r+1} & \cdots & b_{1n}\\ \vdots & & \vdots & \vdots & & \vdots\\ 0 & \cdots & 1 & b_{r,r+1} & \cdots & b_{rn}\\ 0 & \cdots & 0 & 0 & \cdots & 0\\ \vdots & & \vdots & \vdots & & \vdots\\ 0 & \cdots & 0 & 0 & \cdots & 0\end{pmatrix}=\boldsymbol{B},$$

与 $\boldsymbol{B}$ 对应的方程组是

$$\begin{cases}x_1=-b_{1,r+1}x_{r+1}-b_{1,r+2}x_{r+2}-\cdots-b_{1n}x_n,\\ x_2=-b_{2,r+1}x_{r+1}-b_{2,r+2}x_{r+2}-\cdots-b_{2n}x_n,\\ \qquad\cdots\cdots\\ x_r=-b_{r,r+1}x_{r+1}-b_{r,r+2}x_{r+2}-\cdots-b_{rn}x_n.\end{cases} \tag{4.5}$$

由于 $\boldsymbol{B}$ 是由 $\boldsymbol{A}$ 施以初等行变换得到的矩阵,可以证明 $\boldsymbol{A}$ 与 $\boldsymbol{B}$ 的列向量组等价,不难理解方程组(4.1)与方程组(4.5)有相同的解向量(初等行变换的过程相当对方程组作消元法运算).

方程组(4.5)中的 $x_{r+1},x_{r+2},\cdots,x_n$ 称为自由未知量,任给 $x_{r+1},x_{r+2},\cdots,x_n$ 一组值代入方程组(4.5)中,就能惟一确定一组 $x_1,x_2,\cdots,x_r$ 的值. 现分别取

$$\begin{pmatrix} x_{r+1} \\ x_{r+2} \\ \vdots \\ x_n \end{pmatrix} = \begin{pmatrix} 1 \\ 0 \\ \vdots \\ 0 \end{pmatrix}, \begin{pmatrix} 0 \\ 1 \\ \vdots \\ 0 \end{pmatrix}, \cdots, \begin{pmatrix} 0 \\ 0 \\ \vdots \\ 1 \end{pmatrix} \tag{4.6}$$

代入方程组(4.5)中得

$$\begin{pmatrix} x_1 \\ x_2 \\ \vdots \\ x_r \end{pmatrix} = \begin{pmatrix} -b_{1,r+1} \\ -b_{2,r+1} \\ \vdots \\ -b_{r,r+1} \end{pmatrix}, \begin{pmatrix} -b_{1,r+2} \\ -b_{2,r+2} \\ \vdots \\ -b_{r,r+2} \end{pmatrix}, \cdots, \begin{pmatrix} -b_{1n} \\ -b_{2n} \\ \vdots \\ -b_{rn} \end{pmatrix},$$

从而求得方程组(4.5),也就是方程组(4.1)的 $n-r$ 个解向量

$$\boldsymbol{\xi}_1 = \begin{pmatrix} -b_{1,r+1} \\ -b_{2,r+1} \\ \vdots \\ -b_{r,r+1} \\ 1 \\ 0 \\ \vdots \\ 0 \end{pmatrix}, \boldsymbol{\xi}_2 = \begin{pmatrix} -b_{1,r+2} \\ -b_{2,r+2} \\ \vdots \\ -b_{r,r+2} \\ 0 \\ 1 \\ \vdots \\ 0 \end{pmatrix}, \cdots, \boldsymbol{\xi}_{n-r} = \begin{pmatrix} -b_{1n} \\ -b_{2n} \\ \vdots \\ -b_{rn} \\ 0 \\ 0 \\ \vdots \\ 1 \end{pmatrix}.$$

下面证明 $\boldsymbol{\xi}_1,\boldsymbol{\xi}_2,\cdots,\boldsymbol{\xi}_{n-r}$ 是方程组(4.1)的解向量组的一个基础解系.

首先,由于向量组(4.6)线性无关,而向量组 $\boldsymbol{\xi}_1,\boldsymbol{\xi}_2,\cdots,\boldsymbol{\xi}_{n-r}$ 是向量组(4.6)中每个向量都添加了 $r$ 个分量而得到,由 3.3 的定理 3.4 知,$\boldsymbol{\xi}_1,\boldsymbol{\xi}_2,\cdots,\boldsymbol{\xi}_{n-r}$ 也线性无关.

其次,能够证明方程组(4.1)的任一解向量

$$\boldsymbol{\xi} = \begin{pmatrix} \lambda_1 \\ \lambda_2 \\ \vdots \\ \lambda_r \\ \lambda_{r+1} \\ \vdots \\ \lambda_n \end{pmatrix}$$

都可由 $\boldsymbol{\xi}_1,\boldsymbol{\xi}_2,\cdots,\boldsymbol{\xi}_{n-r}$ 线性表示．事实上，由性质知它们的线性组合

$$\boldsymbol{\eta}=\lambda_{r+1}\boldsymbol{\xi}_1+\lambda_{r+2}\boldsymbol{\xi}_{r+2}+\cdots+\lambda_n\boldsymbol{\xi}_{n-r}$$

也是方程组(4.1)的解向量．比较 $\boldsymbol{\xi}$ 与 $\boldsymbol{\eta}$ 知，它们的后 $n-r$ 个分量对应相等，而它们又满足方程组(4.5)，因而前 $r$ 个分量也对应相等，即 $\boldsymbol{\xi}=\boldsymbol{\eta}$. 这说明任一解向量都可以由 $\boldsymbol{\xi}_1,\boldsymbol{\xi}_2,\cdots,\boldsymbol{\xi}_{n-r}$ 线性表示．所以 $\boldsymbol{\xi}_1,\boldsymbol{\xi}_2,\cdots,\boldsymbol{\xi}_{n-r}$ 就是方程组(4.1)的一个基础解系．

**例 4.1**　求齐次线性方程组 $\begin{cases} x_1-x_2+5x_3-x_4=0, \\ x_1+x_2-2x_3+3x_4=0, \\ 3x_1-x_2+8x_3+x_4=0, \\ x_1+3x_2-9x_3+7x_4=0 \end{cases}$ 的通解．

**解**　对方程组的系数矩阵 $\boldsymbol{A}$ 施行初等行变换

$$\boldsymbol{A}=\begin{pmatrix} 1 & -1 & 5 & -1 \\ 1 & 1 & -2 & 3 \\ 3 & -1 & 8 & 1 \\ 1 & 3 & -9 & 7 \end{pmatrix} \xrightarrow[r_4-r_1]{\substack{r_2-r_1 \\ r_3-3r_1}} \begin{pmatrix} 1 & -1 & 5 & -1 \\ 0 & 2 & -7 & 4 \\ 0 & 2 & -7 & 4 \\ 0 & 4 & -14 & 8 \end{pmatrix}$$

$$\xrightarrow[r_4-2r_2]{r_3-r_2} \begin{pmatrix} 1 & -1 & 5 & -1 \\ 0 & 2 & -7 & 4 \\ 0 & 0 & 0 & 0 \\ 0 & 0 & 0 & 0 \end{pmatrix} \xrightarrow{r_2\times\frac{1}{2}} \begin{pmatrix} 1 & -1 & 5 & -1 \\ 0 & 1 & -\frac{7}{2} & 2 \\ 0 & 0 & 0 & 0 \\ 0 & 0 & 0 & 0 \end{pmatrix}$$

$$\xrightarrow{r_1+r_2} \begin{pmatrix} 1 & 0 & \frac{3}{2} & 1 \\ 0 & 1 & -\frac{7}{2} & 2 \\ 0 & 0 & 0 & 0 \\ 0 & 0 & 0 & 0 \end{pmatrix}=\boldsymbol{B},$$

则同解方程组为

$$\begin{cases} x_1=-\frac{3}{2}x_3-x_4, \\ x_2=\frac{7}{2}x_3-2x_4, \end{cases} \tag{4.7}$$

其中 $x_3,x_4$ 是自由未知量．分别取

$$\begin{pmatrix} x_3 \\ x_4 \end{pmatrix}=\begin{pmatrix} 1 \\ 0 \end{pmatrix},\begin{pmatrix} 0 \\ 1 \end{pmatrix},$$

可解得

$$\begin{pmatrix}x_1\\x_2\end{pmatrix}=\begin{pmatrix}-\frac{3}{2}\\ \frac{7}{2}\end{pmatrix},\begin{pmatrix}-1\\-2\end{pmatrix}.$$

因此方程组的基础解系为

$$\boldsymbol{\xi}_1=\begin{pmatrix}-\frac{3}{2}\\ \frac{7}{2}\\1\\0\end{pmatrix},\boldsymbol{\xi}_2=\begin{pmatrix}-1\\-2\\0\\1\end{pmatrix},$$

所以方程组的通解为

$$\boldsymbol{\xi}=k_1\boldsymbol{\xi}_1+k_2\boldsymbol{\xi}_2\quad(k_1,k_2\text{ 为任意常数}).$$

求基础解系的步骤

**例 4.2**　求方程组$\begin{cases}x_1+x_2-x_3-x_4=0,\\2x_1-5x_2+3x_3+2x_4=0,\\7x_1-7x_2+3x_3+x_4=0\end{cases}$的基础解系 .

**解**　对系数矩阵 $\boldsymbol{A}$ 施行初等行变换

$$\boldsymbol{A}=\begin{pmatrix}1&1&-1&-1\\2&-5&3&2\\7&-7&3&1\end{pmatrix}\xrightarrow[r_3-7r_1]{r_2-2r_1}\begin{pmatrix}1&1&-1&-1\\0&-7&5&4\\0&-14&10&8\end{pmatrix}\xrightarrow{r_3-2r_2}\begin{pmatrix}1&1&-1&-1\\0&-7&5&4\\0&0&0&0\end{pmatrix},$$

所以 $R(A)=2$. 由于在 $\boldsymbol{A}$ 中 $D_2=\begin{vmatrix}1&1\\2&-5\end{vmatrix}\neq0$,所以同解方程组可取

$$\begin{cases}x_1+x_2=x_3+x_4,\\2x_1-5x_2=-3x_3-2x_4,\end{cases}$$

其中 $x_3,x_4$ 为自由未知量 . 分别取 $\begin{pmatrix}x_3\\x_4\end{pmatrix}=\begin{pmatrix}1\\0\end{pmatrix},\begin{pmatrix}0\\1\end{pmatrix}$,可解得

$$\begin{pmatrix}x_1\\x_2\end{pmatrix}=\begin{pmatrix}\frac{2}{7}\\ \frac{5}{7}\end{pmatrix},\begin{pmatrix}\frac{3}{7}\\ \frac{4}{7}\end{pmatrix},$$

所以方程组的基础解系为

$$\boldsymbol{\xi}_1=\begin{pmatrix}\frac{2}{7}\\ \frac{5}{7}\\ 1\\ 0\end{pmatrix},\quad \boldsymbol{\xi}_2=\begin{pmatrix}\frac{3}{7}\\ \frac{4}{7}\\ 0\\ 1\end{pmatrix}.$$

**例 4.3**　求解齐次线性方程组$\begin{cases}x_1+2x_2+2x_3+x_4=0,\\ 2x_1+x_2-2x_3-2x_4=0,\\ x_1-x_2-4x_3-3x_4=0.\end{cases}$

**解**　对系数矩阵 $\boldsymbol{A}$ 进行初等行变换.

$$\boldsymbol{A}=\begin{pmatrix}1&2&2&1\\ 2&1&-2&-2\\ 1&-1&-4&-3\end{pmatrix}\xrightarrow[r_3-r_1]{r_2-2r_1}\begin{pmatrix}1&2&2&1\\ 0&-3&-6&-4\\ 0&-3&-6&-4\end{pmatrix}\xrightarrow[r_1-2r_2]{\substack{r_3-r_2\\ r_2\times(-1/3)}}\begin{pmatrix}1&0&-2&-5/3\\ 0&1&2&4/3\\ 0&0&0&0\end{pmatrix},$$

即得与原方程组同解的方程组

$$\begin{cases}x_1-2x_3-\dfrac{5}{3}x_4=0,\\ x_2+2x_3+\dfrac{4}{3}x_4=0\end{cases}\Leftrightarrow\begin{cases}x_1=2x_3+\dfrac{5}{3}x_4,\\ x_2=-2x_3-\dfrac{4}{3}x_4.\end{cases}$$

依次取$\begin{pmatrix}x_3\\ x_4\end{pmatrix}=\begin{pmatrix}1\\ 0\end{pmatrix},\begin{pmatrix}0\\ 1\end{pmatrix}$,求得$\begin{pmatrix}x_1\\ x_2\end{pmatrix}=\begin{pmatrix}2\\ -2\end{pmatrix},\begin{pmatrix}5/3\\ -4/3\end{pmatrix}$,于是方程组基础解系为

$$\boldsymbol{\xi}_1=\begin{pmatrix}2\\ -2\\ 1\\ 0\end{pmatrix},\boldsymbol{\xi}_2=\begin{pmatrix}5/3\\ -4/3\\ 0\\ 1\end{pmatrix},$$

从而所求齐次线性方程组通解为

$$\boldsymbol{x}=k_1\boldsymbol{\xi}_1+k_2\boldsymbol{\xi}_2=k_1\begin{pmatrix}2\\ -2\\ 1\\ 0\end{pmatrix}+k_2\begin{pmatrix}5/3\\ -4/3\\ 0\\ 1\end{pmatrix},$$

其中 $k_1,k_2$ 为任意实数.

**注**　上述解法中,由于行最简形矩阵的结构,$x_1$ 总是被选为非自由变量. 对于求解方程组来说,$x_1$ 当然也可以被选为自由变量. 例如

$$\boldsymbol{A}=\begin{pmatrix}1&2&2&1\\ 2&1&-2&-2\\ 1&-1&-4&-3\end{pmatrix}\xrightarrow[r_3+3r_1]{r_2+2r_1}\begin{pmatrix}1&2&2&1\\ 4&5&2&0\\ 4&5&2&0\end{pmatrix}\xrightarrow[r_2\times(1/2)]{\substack{r_1-r_2\\ r_3-r_2}}\begin{pmatrix}-3&-3&0&1\\ 2&5/2&1&0\\ 0&0&0&0\end{pmatrix},$$

即得与原方程组同解的方程组

$$\begin{cases}-3x_1-3x_2+x_4=0,\\ 2x_1+\dfrac{5}{2}x_2+x_3=0\end{cases}\Leftrightarrow\begin{cases}x_4=3x_1+3x_2,\\ x_3=-2x_1-\dfrac{5}{2}x_2,\end{cases}$$

其中 $x_1,x_2$ 为自由变量,可以取任意值.

**例 4.4** 证明 $R(\boldsymbol{A}^{\mathrm{T}}\boldsymbol{A})=R(\boldsymbol{A})$.

**证明** 设 $\boldsymbol{A}$ 为 $m\times n$ 矩阵,$\boldsymbol{x}$ 为 $n$ 维列矩阵.

若 $\boldsymbol{x}$ 满足 $\boldsymbol{Ax}=\boldsymbol{0}$,则有 $\boldsymbol{A}^{\mathrm{T}}(\boldsymbol{Ax})=\boldsymbol{0}$,即 $(\boldsymbol{A}^{\mathrm{T}}\boldsymbol{A})\boldsymbol{x}=\boldsymbol{0}$;

若 $\boldsymbol{x}$ 满足 $(\boldsymbol{A}^{\mathrm{T}}\boldsymbol{A})\boldsymbol{x}=\boldsymbol{0}$,不妨设 $\boldsymbol{Ax}=\boldsymbol{b}$,其中 $\boldsymbol{b}=(b_1,b_2,\cdots,b_m)^{\mathrm{T}}$,则 $\boldsymbol{x}^{\mathrm{T}}\cdot(\boldsymbol{A}^{\mathrm{T}}\boldsymbol{A})\boldsymbol{x}=\boldsymbol{x}^{\mathrm{T}}\cdot\boldsymbol{0}=0$,即 $(\boldsymbol{Ax})^{\mathrm{T}}(\boldsymbol{Ax})=\boldsymbol{b}^{\mathrm{T}}\boldsymbol{b}=b_1^2+b_2^2+\cdots+b_m^2=0$,从而推知 $\boldsymbol{Ax}=\boldsymbol{0}$.

综上所述,方程组 $\boldsymbol{Ax}=\boldsymbol{0}$ 与方程组 $(\boldsymbol{A}^{\mathrm{T}}\boldsymbol{A})\boldsymbol{x}=\boldsymbol{0}$ 同解,因此,$R(\boldsymbol{A}^{\mathrm{T}}\boldsymbol{A})=R(\boldsymbol{A})$ 成立.

## 4.2 非齐次线性方程组解的结构

一个非齐次线性方程组的解与它对应的齐次线性方程组的解之间有密切联系.若非齐次线性方程组 $\boldsymbol{Ax}=\boldsymbol{b}$ 有解,它具有以下性质.

**性质 4.3** 若 $\boldsymbol{x}=\boldsymbol{\eta}_1,\boldsymbol{x}=\boldsymbol{\eta}_2$ 为非齐次线性方程组 $\boldsymbol{Ax}=\boldsymbol{b}$ 的两个解,则 $\boldsymbol{x}=\boldsymbol{\eta}_1-\boldsymbol{\eta}_2$ 为导出组 $\boldsymbol{Ax}=\boldsymbol{0}$ 的解.

**证明** 因为 $\boldsymbol{x}=\boldsymbol{\eta}_1,\boldsymbol{x}=\boldsymbol{\eta}_2$ 为方程 $\boldsymbol{Ax}=\boldsymbol{b}$ 的解,则 $\boldsymbol{A\eta}_1=\boldsymbol{b},\boldsymbol{A\eta}_2=\boldsymbol{b}$,于是

$$\boldsymbol{A}(\boldsymbol{\eta}_1-\boldsymbol{\eta}_2)=\boldsymbol{A\eta}_1-\boldsymbol{A\eta}_2=\boldsymbol{b}-\boldsymbol{b}=\boldsymbol{0},$$

即 $\boldsymbol{\eta}_1-\boldsymbol{\eta}_2$ 是导出组 $\boldsymbol{Ax}=\boldsymbol{0}$ 的解.

**性质 4.4** 若 $\boldsymbol{x}=\boldsymbol{\eta}$ 为非齐次线性方程组 $\boldsymbol{Ax}=\boldsymbol{b}$ 的解,$\boldsymbol{x}=\boldsymbol{\xi}$ 是导出组 $\boldsymbol{Ax}=\boldsymbol{0}$ 的解,则 $\boldsymbol{x}=\boldsymbol{\xi}+\boldsymbol{\eta}$ 是非齐次线性方程组 $\boldsymbol{Ax}=\boldsymbol{b}$ 的解.

**证明** $$\boldsymbol{A}(\boldsymbol{\xi}+\boldsymbol{\eta})=\boldsymbol{A\xi}+\boldsymbol{A\eta}=\boldsymbol{0}+\boldsymbol{b}=\boldsymbol{b}.$$

根据以上性质,我们有以下定理.

**定理 4.1** 如果 $\boldsymbol{\eta}^*$ 是非齐次线性方程组 $\boldsymbol{Ax}=\boldsymbol{b}$ 的一个特解,$\boldsymbol{\xi}$ 是其导出方程组 $\boldsymbol{Ax}=\boldsymbol{0}$ 的通解,则 $\boldsymbol{x}=\boldsymbol{\xi}+\boldsymbol{\eta}^*$ 就是非齐次线性方程组 $\boldsymbol{Ax}=\boldsymbol{b}$ 的通解.

**证明** 设非齐次线性方程组 $\boldsymbol{Ax}=\boldsymbol{b}$ 的通解为 $\boldsymbol{x}$,又因为 $\boldsymbol{\eta}^*$ 是非齐次线性方程组 $\boldsymbol{Ax}=\boldsymbol{b}$ 的解,由性质(1)知 $\boldsymbol{x}-\boldsymbol{\eta}^*$ 就是导出组 $\boldsymbol{Ax}=\boldsymbol{0}$ 的通解,令 $\boldsymbol{\xi}=\boldsymbol{x}-\boldsymbol{\eta}^*$,即有 $\boldsymbol{x}=\boldsymbol{\xi}+\boldsymbol{\eta}^*$.

**例 4.5** 求解线性方程组 $\begin{cases}x_1+x_2+x_3+x_4+x_5=2,\\ 2x_1+3x_2+x_3+x_4-3x_5=0,\\ x_1+2x_3+2x_4+6x_5=6.\end{cases}$

**解**　将非齐次线性方程组表示为矩阵形式 $\boldsymbol{Ax}=\boldsymbol{b}$,其中

$$\boldsymbol{A}=\begin{pmatrix}1&1&1&1&1\\2&3&1&1&-3\\1&0&2&2&6\end{pmatrix},\boldsymbol{x}=\begin{pmatrix}x_1\\x_2\\x_3\\x_4\\x_5\end{pmatrix},\boldsymbol{b}=\begin{pmatrix}2\\0\\6\end{pmatrix},$$

对增广矩阵 $(\boldsymbol{A}\vdots\boldsymbol{b})$ 进行初等行变换.

$$(\boldsymbol{A}\vdots\boldsymbol{b})=\begin{pmatrix}1&1&1&1&1&\vdots&2\\2&3&1&1&-3&\vdots&0\\1&0&2&2&6&\vdots&6\end{pmatrix}\xrightarrow[r_3-r_1]{r_2-2r_1}\begin{pmatrix}1&1&1&1&1&\vdots&2\\0&1&-1&-1&-5&\vdots&-4\\0&-1&1&1&5&\vdots&4\end{pmatrix}$$

$$\xrightarrow[r_1-r_2]{r_3+r_2}\begin{pmatrix}1&0&2&2&6&\vdots&6\\0&1&-1&-1&-5&\vdots&-4\\0&0&0&0&0&\vdots&0\end{pmatrix},$$

因为 $R(\boldsymbol{A}\vdots\boldsymbol{b})=R(\boldsymbol{A})=2<4$,所以,所给非齐次线性方程组有无穷多解,其同解方程组为

$$\begin{cases}x_1+2x_3+2x_4+6x_5=6\\x_2-x_3-x_4-5x_5=-4\end{cases},令\begin{pmatrix}x_3\\x_4\\x_5\end{pmatrix}=\begin{pmatrix}0\\0\\0\end{pmatrix},得\begin{pmatrix}x_1\\x_2\end{pmatrix}=\begin{pmatrix}6\\-4\end{pmatrix},$$

求得非齐次线性方程组的一个特解

$$\boldsymbol{\eta}^*=\begin{pmatrix}6\\-4\\0\\0\\0\end{pmatrix},$$

因此,所给非齐次线性方程组导出组的同解方程组为

$$\begin{cases}x_1+2x_3+2x_4+6x_5=0,\\x_2-x_3-x_4-5x_4=0,\end{cases}$$

对自由变量 $x_1,x_2,x_3$ 封闭取值为

$$\begin{pmatrix}x_1\\x_2\\x_3\end{pmatrix}=\begin{pmatrix}1\\0\\0\end{pmatrix},\begin{pmatrix}0\\1\\0\end{pmatrix},\begin{pmatrix}0\\0\\1\end{pmatrix},$$

即得导出组的基础解系

$$\boldsymbol{\xi}_1=\begin{pmatrix}-2\\1\\1\\0\\0\end{pmatrix},\boldsymbol{\xi}_2=\begin{pmatrix}-2\\1\\0\\1\\0\end{pmatrix},\boldsymbol{\xi}_3=\begin{pmatrix}-6\\5\\0\\0\\1\end{pmatrix}.$$

因此，所给方程组的同解为

$$x=\boldsymbol{\eta}^*+c_1\boldsymbol{\xi}_1+c_2\boldsymbol{\xi}_2+c_3\boldsymbol{\xi}_3=\begin{pmatrix}6\\-4\\0\\0\\0\end{pmatrix}+c_1\begin{pmatrix}-2\\1\\1\\0\\0\end{pmatrix}+c_2\begin{pmatrix}-2\\1\\0\\1\\0\end{pmatrix}+c_3\begin{pmatrix}-6\\5\\0\\0\\1\end{pmatrix},$$

其中 $c_1,c_2,c_3$ 为任意实数．

**例 4.6**　证明方程组 $\begin{cases}x_1-x_2=a_1,\\x_2-x_3=a_2,\\x_3-x_4=a_3,\\x_4-x_5=a_4,\\x_5-x_1=a_5\end{cases}$ 有解的充要条件是 $a_1+a_2+a_3+a_4+a_5=0$. 在有解的情况下，求出它的全部解．

**解**　将非齐次线性方程组表示为矩阵形式 $\boldsymbol{A}\boldsymbol{x}=\boldsymbol{b}$，

其中 $\boldsymbol{A}=\begin{pmatrix}1&-1&0&0&0\\0&1&-1&0&0\\0&0&1&-1&0\\0&0&0&1&-1\\-1&0&0&0&1\end{pmatrix}$，$\boldsymbol{x}=\begin{pmatrix}x_1\\x_2\\x_3\\x_4\\x_5\end{pmatrix}$，$\boldsymbol{b}=\begin{pmatrix}a_1\\a_2\\a_3\\a_4\\a_5\end{pmatrix}$，对增广矩阵 $(\boldsymbol{A}\vdots\boldsymbol{b})$ 进行初等行变换．

$$(\boldsymbol{A}\vdots\boldsymbol{b})=\begin{pmatrix}1&-1&0&0&0&\vdots&a_1\\0&1&-1&0&0&\vdots&a_2\\0&0&1&-1&0&\vdots&a_3\\0&0&0&1&-1&\vdots&a_4\\-1&0&0&0&1&\vdots&a_5\end{pmatrix}$$

$$\xrightarrow{r_5+r_1+r_2+r_3+r_4}\begin{pmatrix}1&-1&0&0&0&\vdots&a_1\\0&1&-1&0&0&\vdots&a_2\\0&0&1&-1&0&\vdots&a_3\\0&0&0&1&-1&\vdots&a_4\\0&0&0&0&0&\vdots&\sum\limits_{i=1}^{5}a_i\end{pmatrix},$$

于是，

当 $\sum\limits_{i=1}^{5}a_i\neq0$ 时，$r(\boldsymbol{A})=4$，$r(\boldsymbol{A}\vdots\boldsymbol{b})=5$，非齐次方程组 $\boldsymbol{A}\boldsymbol{x}=\boldsymbol{b}$ 无解．

当 $\sum\limits_{i=1}^{5} a_i = 0$ 时，$r(\boldsymbol{A})=r(\boldsymbol{A} \vdots \boldsymbol{b})=4<5$，所给方程组有无穷多解，此时

$$(\boldsymbol{A} \vdots \boldsymbol{b}) \xrightarrow{r_5+r_1+r_2+r_3+r_4} \begin{pmatrix} 1 & -1 & 0 & 0 & 0 & \vdots & a_1 \\ 0 & 1 & -1 & 0 & 0 & \vdots & a_2 \\ 0 & 0 & 1 & -1 & 0 & \vdots & a_3 \\ 0 & 0 & 0 & 1 & -1 & \vdots & a_4 \\ 0 & 0 & 0 & 0 & 0 & \vdots & 0 \end{pmatrix}$$

$$\xrightarrow[\substack{r_2+r_3 \\ r_1+r_2}]{r_3+r_4} \begin{pmatrix} 1 & 0 & 0 & 0 & -1 & \vdots & \sum\limits_{i=1}^{4} a_i \\ 0 & 1 & 0 & 0 & -1 & \vdots & \sum\limits_{i=2}^{4} a_i \\ 0 & 0 & 1 & 0 & -1 & \vdots & \sum\limits_{i=3}^{4} a_i \\ 0 & 0 & 0 & 1 & -1 & \vdots & a_4 \\ 0 & 0 & 0 & 0 & 0 & \vdots & 0 \end{pmatrix},$$

当 $\sum\limits_{i=1}^{5} a_i = 0$ 时，求得所给非齐次方程组的同解方程组为

$$\begin{cases} x_1 - x_5 = \sum\limits_{i=1}^{4} a_i, \\ x_2 - x_5 = \sum\limits_{i=2}^{4} a_i, \\ x_3 - x_5 = \sum\limits_{i=3}^{4} a_i, \\ x_4 - x_5 = a_4 \end{cases} \Leftrightarrow \begin{pmatrix} x_1 \\ x_2 \\ x_3 \\ x_4 \\ x_5 \end{pmatrix} = \begin{pmatrix} \sum\limits_{i=1}^{4} a_i \\ \sum\limits_{i=3}^{4} a_i \\ \sum\limits_{i=2}^{4} a_i \\ a_4 \\ 0 \end{pmatrix} + x_5 \begin{pmatrix} 1 \\ 1 \\ 1 \\ 1 \\ 1 \end{pmatrix},$$

所给非齐次线性方程组通解为

$$\boldsymbol{x} = \begin{pmatrix} x_1 \\ x_2 \\ x_3 \\ x_4 \\ x_5 \end{pmatrix} = \begin{pmatrix} \sum\limits_{i=1}^{4} a_i \\ \sum\limits_{i=3}^{4} a_i \\ \sum\limits_{i=2}^{4} a_i \\ a_4 \\ 0 \end{pmatrix} + c \begin{pmatrix} 1 \\ 1 \\ 1 \\ 1 \\ 1 \end{pmatrix} \quad (\text{其中 } c \text{ 为任意实数}).$$

**例 4.7** 设有三元非齐次线性方程组 $\boldsymbol{A}\boldsymbol{x}=\boldsymbol{b}$. 已知 $R(\boldsymbol{A})=2$,它的三个解 $\boldsymbol{\eta}_1$, $\boldsymbol{\eta}_2$, $\boldsymbol{\eta}_3$ 满足

$$\boldsymbol{\eta}_1+\boldsymbol{\eta}_2=(2,0,-2)^{\mathrm{T}},\boldsymbol{\eta}_1+\boldsymbol{\eta}_3=(3,1,-1)^{\mathrm{T}},$$

求方程组 $\boldsymbol{A}\boldsymbol{x}=\boldsymbol{b}$ 的通解.

**解** 由 $R(\boldsymbol{A})=2$ 知，该方程组的导出组 $\boldsymbol{A}\boldsymbol{x}=\boldsymbol{0}$ 的基础解系只含 $3-2=1$ 个解向量. 而

$$\boldsymbol{\xi}=\boldsymbol{\eta}_3-\boldsymbol{\eta}_2=(\boldsymbol{\eta}_1+\boldsymbol{\eta}_3)-(\boldsymbol{\eta}_1+\boldsymbol{\eta}_2)=(1,1,1)^{\mathrm{T}}$$

是导出组 $\boldsymbol{A}\boldsymbol{x}=\boldsymbol{0}$ 的一个非零解向量，可构成基础解系. 又因为

$$\boldsymbol{A}\left[\frac{1}{2}(\boldsymbol{\eta}_1+\boldsymbol{\eta}_2)\right]=\frac{1}{2}(\boldsymbol{A}\boldsymbol{\eta}_1+\boldsymbol{A}\boldsymbol{\eta}_2)=\frac{1}{2}(\boldsymbol{b}+\boldsymbol{b})=\boldsymbol{b},$$

则

$$\boldsymbol{\eta}^*=\frac{1}{2}(\boldsymbol{\eta}_1+\boldsymbol{\eta}_2)=(1,0,-1)^{\mathrm{T}}$$

是 $\boldsymbol{A}\boldsymbol{x}=\boldsymbol{b}$ 的一个特解. 所以该方程组的通解为

$$\boldsymbol{x}=k\boldsymbol{\xi}+\boldsymbol{\eta}^*=k\begin{pmatrix}1\\1\\1\end{pmatrix}+\begin{pmatrix}1\\0\\-1\end{pmatrix}\quad(k\text{ 为任意常数}).$$

## 习 题 四

1. 求解齐次线性方程组的基础解系：

(1) $\begin{cases}x_1-8x_2+10x_3+2x_4=0,\\2x_1+4x_2+5x_3-x_4=0,\\3x_1+8x_2+6x_3-2x_4=0;\end{cases}$ (2) $\begin{cases}2x_1-3x_2-2x_3+x_4=0,\\3x_1+5x_2+4x_3-2x_4=0,\\8x_1+7x_2+6x_3-3x_4=0;\end{cases}$

(3) $\begin{cases}x_1+2x_2+x_3+x_4+x_5=0,\\2x_1+4x_2+3x_3+x_4+x_5=0,\\-x_1-x_2+x_3+3x_4-3x_5=0,\\2x_3+4x_4-2x_5=0;\end{cases}$ (4) $\begin{cases}2x_1+3x_2-x_3+5x_4=0,\\3x_1+x_2+2x_3-7x_4=0,\\4x_1+x_2-3x_3+6x_4=0,\\x_1-2x_2+4x_3-7x_4=0.\end{cases}$

2. 设 $\boldsymbol{\alpha}_1,\boldsymbol{\alpha}_2$ 是齐次线性方程组的基础解系,证明:$\boldsymbol{\alpha}_1+\boldsymbol{\alpha}_2$, $2\boldsymbol{\alpha}_1-\boldsymbol{\alpha}_2$ 也是该线性方程组的基础解系.

3. 求一个齐次线性方程组,使它的基础解系由下列向量组组成.

(1) $\boldsymbol{\xi}_1=\begin{pmatrix}0\\1\\2\\3\end{pmatrix},\boldsymbol{\xi}_2=\begin{pmatrix}3\\2\\1\\0\end{pmatrix}$; (2) $\boldsymbol{\xi}_1=\begin{pmatrix}1\\-2\\0\\3\\-1\end{pmatrix},\boldsymbol{\xi}_2=\begin{pmatrix}2\\-3\\2\\5\\-3\end{pmatrix},\boldsymbol{\xi}_3=\begin{pmatrix}1\\-2\\1\\2\\-2\end{pmatrix}$.

4. 求下列解非齐次线性方程组的通解：

(1) $\begin{cases} x_1+x_2=5, \\ 2x_1+x_2+x_3+2x_4=1, \\ 5x_1+3x_2+2x_3+2x_4=3; \end{cases}$　　(2) $\begin{cases} x_1-5x_2+2x_3-3x_4=11, \\ 5x_1+3x_2+6x_3-x_4=-1, \\ 2x_1+4x_2+2x_3+x_4=-6. \end{cases}$

5. 设四元非齐次线性方程组的系数矩阵的秩为 3，已知 $\boldsymbol{\eta}_1,\boldsymbol{\eta}_2,\boldsymbol{\eta}_3$ 是它的三个解向量．且 $\boldsymbol{\eta}_1=\begin{pmatrix}2\\3\\4\\5\end{pmatrix}$，$\boldsymbol{\eta}_2+\boldsymbol{\eta}_3=\begin{pmatrix}1\\2\\3\\4\end{pmatrix}$，求方程组的通解．

6. 设 $\boldsymbol{A}=\begin{pmatrix}2 & -2 & 1 & 3\\ 9 & -5 & 2 & 8\end{pmatrix}$，求一个 $4\times2$ 矩阵 $\boldsymbol{B}$，使 $\boldsymbol{AB}=\boldsymbol{0}$，且 $R(\boldsymbol{B})=2$.

7. 设 $n$ 阶方阵 $\boldsymbol{A}$ 的各行元素之和为零，且 $R(\boldsymbol{A})=n-1$，求齐次线性方程组 $\boldsymbol{AX}=\boldsymbol{0}$ 的通解．

8. 设 $\boldsymbol{\alpha}_1,\boldsymbol{\alpha}_2,\boldsymbol{\alpha}_3,\boldsymbol{\alpha}_4$ 是四个 4 维列向量，其中 $\boldsymbol{\alpha}_2,\boldsymbol{\alpha}_3,\boldsymbol{\alpha}_4$ 线性无关，且 $\boldsymbol{\alpha}_1=2\boldsymbol{\alpha}_2-\boldsymbol{\alpha}_3$. 若令矩阵 $\boldsymbol{A}=(\boldsymbol{\alpha}_1,\boldsymbol{\alpha}_2,\boldsymbol{\alpha}_3,\boldsymbol{\alpha}_4)$，向量 $\boldsymbol{b}=\boldsymbol{\alpha}_1+\boldsymbol{\alpha}_2+\boldsymbol{\alpha}_3+\boldsymbol{\alpha}_4$. 试求：线性方程组 $\boldsymbol{AX}=\boldsymbol{b}$ 的通解．

9. 设 $\boldsymbol{A}$ 是 $m\times n$ 矩阵，$\boldsymbol{\eta}_1$ 与 $\boldsymbol{\eta}_2$ 是方程组 $\boldsymbol{Ax}=\boldsymbol{b}$ 的两个不同的解向量，$\boldsymbol{\xi}$ 是其导出组 $\boldsymbol{Ax}=\boldsymbol{0}$ 的一个非零解向量，证明：若 $R(\boldsymbol{A})=n-1$，则向量 $\boldsymbol{\xi},\boldsymbol{\eta}_1,\boldsymbol{\eta}_2$ 线性相关．

10. 设 $\boldsymbol{\eta}_0$ 是非齐次线性方程组 $\boldsymbol{Ax}=\boldsymbol{b}$ 的一个解，$\boldsymbol{\alpha}_1,\boldsymbol{\alpha}_2,\cdots,\boldsymbol{\alpha}_{n-r}$ 是对应齐次线性方程组 $\boldsymbol{Ax}=\boldsymbol{0}$ 的一个基础解系．证明：$\boldsymbol{\eta}_0,\boldsymbol{\alpha}_1,\boldsymbol{\alpha}_2,\cdots,\boldsymbol{\alpha}_{n-r}$ 线性无关．

# 第 5 章　相似矩阵及二次型

本章主要讨论方阵的特征值与特征向量、方阵的相似对角化和二次型的化简等问题. 这些问题不仅在矩阵理论及数值计算中占有重要地位，而且被广泛地应用于许多学科及工程技术领域.

## 5.1　预备知识

### 5.1.1　向量的内积

**定义 5.1**　设有 $n$ 维列向量

$$\boldsymbol{x}=\begin{pmatrix}x_1\\x_2\\\vdots\\x_n\end{pmatrix},\ \boldsymbol{y}=\begin{pmatrix}y_1\\y_2\\\vdots\\y_n\end{pmatrix},$$

令

$$(\boldsymbol{x},\boldsymbol{y})=x_1y_1+x_2y_2+\cdots+x_ny_n=\boldsymbol{x}^{\mathrm{T}}\boldsymbol{y}=\boldsymbol{y}^{\mathrm{T}}\boldsymbol{x},$$

则称$(\boldsymbol{x},\boldsymbol{y})$为向量 $\boldsymbol{x}$ 与 $\boldsymbol{y}$ 的内积.

内积是两个向量之间的一种运算，其结果是一个实数，它满足下列运算性质(其中 $\boldsymbol{x},\boldsymbol{y},\boldsymbol{z}$ 为 $n$ 维向量，$\lambda$ 为实数)：

(1) $(\boldsymbol{x},\boldsymbol{y})=(\boldsymbol{y},\boldsymbol{x})$；

(2) $(\lambda\boldsymbol{x},\boldsymbol{y})=\lambda(\boldsymbol{x},\boldsymbol{y})$；

(3) $(\boldsymbol{x}+\boldsymbol{y},\boldsymbol{z})=(\boldsymbol{x},\boldsymbol{z})+(\boldsymbol{y},\boldsymbol{z})$；

(4) 当 $\boldsymbol{x}=\boldsymbol{0}$ 时，$(\boldsymbol{x},\boldsymbol{x})=0$；当 $\boldsymbol{x}\neq\boldsymbol{0}$ 时，$(\boldsymbol{x},\boldsymbol{x})>0$.

不难看出，$n$ 维向量内积的概念就是解析几何中两个向量数量积的推广. 虽然 $n$ 维向量没有三维向量直观的几何意义，但仍可利用内积来定义 $n$ 维向量的长度和夹角.

### 5.1.2　向量的长度及夹角

**定义 5.2**　设 $\boldsymbol{x}=(x_1,x_2,\cdots,x_n)^{\mathrm{T}}$，令

$$\|\boldsymbol{x}\|=\sqrt{(\boldsymbol{x},\boldsymbol{x})}=\sqrt{x_1^2+x_2^2+\cdots+x_n^2},$$

则称 $\|\boldsymbol{x}\|$ 为 $n$ 维向量 $\boldsymbol{x}$ 的长度(或范数).

当 $\|x\|=1$ 时，称 $x$ 为单位向量. 当 $x\neq\mathbf{0}$ 时，$\frac{x}{\|x\|}$ 是一单位向量.

向量的长度具有下述性质：

(1) 非负性：当 $x\neq\mathbf{0}$ 时，$\|x\|>0$；当 $x=\mathbf{0}$ 时，$\|x\|=0$；

(2) 齐次性：$\|\lambda x\|=|\lambda|\,\|x\|$；

(3) 三角不等式：$\|x+y\|\leqslant\|x\|+\|y\|$.

另外，由施瓦茨不等式可知

$$|(x,y)|\leqslant\|x\|\cdot\|y\|,$$

故

$$\left|\frac{(x,y)}{\|x\|\cdot\|y\|}\right|\leqslant 1,（\text{当 }\|x\|\cdot\|y\|\neq 0\text{ 时}），$$

于是有下面的定义：

当 $x\neq\mathbf{0}, y\neq\mathbf{0}$ 时，

$$\theta=\arccos\frac{(x,y)}{\|x\|\cdot\|y\|}$$

称为 $n$ 维向量 $x$ 与 $y$ 之间的夹角. 为方便起见，规定零向量与任何向量的夹角可以是任意的.

当 $(x,y)=0$ 时，称向量 $x$ 与 $y$ 正交. 由于零向量与任何向量都正交，所以经常讨论一组非零向量正交的情况.

### 5.1.3　正交向量组的概念及求法

**定义 5.3**　若向量组 $\alpha_1,\alpha_2,\cdots,\alpha_r$ 中的向量都是非零向量，并且任意两个向量都正交，则称这个向量组为**正交向量组**. 又若正交向量组中的每一个向量都是单位向量，则称这个向量组为**正交单位向量组**.

例如，向量组 $\alpha_1=(1,1,1)^T,\alpha_2=(1,-2,1)^T,\alpha_3=(1,0,-1)^T$ 是正交向量组；向量组 $e_1=(1,0,0)^T,e_2=(0,1,0)^T,e_3=(0,0,1)^T$ 是正交单位向量组. 通过判断相关性可知，正交向量组具有下述性质：

**定理 5.1**　正交向量组一定是线性无关向量组.

**证明**　设 $\alpha_1,\alpha_2,\cdots,\alpha_r$ 是正交向量组，若有 $\lambda_1,\lambda_2,\cdots,\lambda_r$，使得

$$\lambda_1\alpha_1+\lambda_2\alpha_2+\cdots+\lambda_r\alpha_r=\mathbf{0},$$

以 $a_1^T$ 左乘上式两端得

$$\lambda_1\alpha_1{}^T\alpha_1=0.$$

因 $\alpha_1\neq\mathbf{0}$，故 $\alpha_1^T\alpha_1=\|\alpha_1\|^2\neq 0$，从而必有 $\lambda_1=0$.

类似地可证 $\lambda_2=0,\cdots,\lambda_r=0$. 于是向量组 $\alpha_1,\alpha_2,\cdots,\alpha_r$ 线性无关.

由此定理可知正交向量组一定线性无关，但是线性无关向量组却不一定是正

交向量组. 例如,向量组 $\boldsymbol{\beta}_1=(1,1,0)^{\mathrm{T}}$,$\boldsymbol{\beta}_2=(0,1,0)^{\mathrm{T}}$,$\boldsymbol{\beta}_3=(0,0,1)^{\mathrm{T}}$ 是线性无关的,但却不是正交的. 然而,我们可以根据线性无关的向量组构造出一个与之等价的正交向量组,这种方法称为施密特(Schimidt)正交化方法. 具体步骤如下:

设 $\boldsymbol{\alpha}_1,\boldsymbol{\alpha}_2,\cdots,\boldsymbol{\alpha}_r$ 是一个线性无关向量组,取

$$\boldsymbol{\beta}_1=\boldsymbol{\alpha}_1,$$

$$\boldsymbol{\beta}_2=\boldsymbol{\alpha}_2-\frac{(\boldsymbol{\beta}_1,\boldsymbol{\alpha}_2)}{(\boldsymbol{\beta}_1,\boldsymbol{\beta}_1)}\boldsymbol{\beta}_1,$$

$$\boldsymbol{\beta}_3=\boldsymbol{\alpha}_3-\frac{(\boldsymbol{\beta}_1,\boldsymbol{\alpha}_3)}{(\boldsymbol{\beta}_1,\boldsymbol{\beta}_1)}\boldsymbol{\beta}_1-\frac{(\boldsymbol{\beta}_2,\boldsymbol{\alpha}_3)}{(\boldsymbol{\beta}_2,\boldsymbol{\beta}_2)}\boldsymbol{\beta}_2,$$

$$\cdots\cdots$$

$$\boldsymbol{\beta}_r=\boldsymbol{\alpha}_r-\frac{(\boldsymbol{\beta}_1,\boldsymbol{\alpha}_r)}{(\boldsymbol{\beta}_1,\boldsymbol{\beta}_1)}\boldsymbol{\beta}_1-\frac{(\boldsymbol{\beta}_2,\boldsymbol{\alpha}_r)}{(\boldsymbol{\beta}_2,\boldsymbol{\beta}_2)}\boldsymbol{\beta}_2-\cdots-\frac{(\boldsymbol{\beta}_{r-1},\boldsymbol{\alpha}_r)}{(\boldsymbol{\beta}_{r-1},\boldsymbol{\beta}_{r-1})}\boldsymbol{\beta}_{r-1}.$$

容易验证,$\boldsymbol{\beta}_1,\boldsymbol{\beta}_2,\cdots,\boldsymbol{\beta}_r$ 两两正交,且 $\boldsymbol{\beta}_1,\boldsymbol{\beta}_2,\cdots,\boldsymbol{\beta}_r$ 与 $\boldsymbol{\alpha}_1,\boldsymbol{\alpha}_2,\cdots,\boldsymbol{\alpha}_r$ 等价.

如果再把它们单位化,即取

$$\boldsymbol{e}_1=\frac{\boldsymbol{\beta}_1}{\|\boldsymbol{\beta}_1\|},\ \boldsymbol{e}_2=\frac{\boldsymbol{\beta}_2}{\|\boldsymbol{\beta}_2\|},\ \cdots,\boldsymbol{e}_r=\frac{\boldsymbol{\beta}_r}{\|\boldsymbol{\beta}_r\|},$$

就得到一个与线性无关向量组 $\boldsymbol{\alpha}_1,\boldsymbol{\alpha}_2,\cdots,\boldsymbol{\alpha}_r$ 等价的正交单位向量组 $\boldsymbol{e}_1,\boldsymbol{e}_2,\cdots,\boldsymbol{e}_r$.

**例 5.1**　设 $\boldsymbol{\alpha}_1=(1,2,-1)^{\mathrm{T}}$,$\boldsymbol{\alpha}_2=(-1,3,1)^{\mathrm{T}}$,$\boldsymbol{\alpha}_3=(4,-1,0)^{\mathrm{T}}$,试用施密特正交化方法把这组向量正交单位化.

**解**　取

$$\boldsymbol{\beta}_1=\boldsymbol{\alpha}_1,$$

$$\boldsymbol{\beta}_2=\boldsymbol{\alpha}_2-\frac{(\boldsymbol{\beta}_1,\boldsymbol{\alpha}_2)}{(\boldsymbol{\beta}_1,\boldsymbol{\beta}_1)}\boldsymbol{\beta}_1=\begin{pmatrix}-1\\3\\1\end{pmatrix}-\frac{2}{3}\begin{pmatrix}1\\2\\-1\end{pmatrix}=\frac{5}{3}\begin{pmatrix}-1\\1\\1\end{pmatrix},$$

$$\boldsymbol{\beta}_3=\boldsymbol{\alpha}_3-\frac{(\boldsymbol{\beta}_1,\boldsymbol{\alpha}_3)}{(\boldsymbol{\beta}_1,\boldsymbol{\beta}_1)}\boldsymbol{\beta}_1-\frac{(\boldsymbol{\beta}_2,\boldsymbol{\alpha}_3)}{(\boldsymbol{\beta}_2,\boldsymbol{\beta}_2)}\boldsymbol{\beta}_2=\begin{pmatrix}4\\-1\\0\end{pmatrix}-\frac{1}{3}\begin{pmatrix}1\\2\\-1\end{pmatrix}+\frac{5}{3}\begin{pmatrix}-1\\1\\1\end{pmatrix}=2\begin{pmatrix}1\\0\\1\end{pmatrix}.$$

再把它们单位化,取

$$\boldsymbol{e}_1=\frac{\boldsymbol{\beta}_1}{\|\boldsymbol{\beta}_1\|}=\frac{1}{\sqrt{6}}\begin{pmatrix}1\\2\\-1\end{pmatrix},\quad \boldsymbol{e}_2=\frac{\boldsymbol{\beta}_2}{\|\boldsymbol{\beta}_2\|}=\frac{1}{\sqrt{3}}\begin{pmatrix}-1\\1\\1\end{pmatrix},\quad \boldsymbol{e}_3=\frac{\boldsymbol{\beta}_3}{\|\boldsymbol{\beta}_3\|}=\frac{1}{\sqrt{2}}\begin{pmatrix}1\\0\\1\end{pmatrix},$$

则 $\boldsymbol{e}_1,\boldsymbol{e}_2,\boldsymbol{e}_3$ 即为所求.

**例 5.2**　已知 $\boldsymbol{a}_1=\begin{pmatrix}1\\-1\\1\end{pmatrix}$,求向量 $\boldsymbol{a}_2,\boldsymbol{a}_3$,使得 $\boldsymbol{a}_1,\boldsymbol{a}_2,\boldsymbol{a}_3$ 为正交向量组.

**解**　因为向量 $\boldsymbol{a}_1$ 与 $\boldsymbol{\alpha}_2,\boldsymbol{\alpha}_3$ 都正交,所以向量 $\boldsymbol{a}_2,\boldsymbol{a}_3$ 应满足方程 $\boldsymbol{\alpha}_1^{\mathrm{T}}\boldsymbol{x}=\boldsymbol{0}$,即

$$x_1-x_2+x_3=0.$$

它的基础解系为

$$\boldsymbol{\beta}_1=\begin{pmatrix}1\\1\\0\end{pmatrix},\quad \boldsymbol{\beta}_2=\begin{pmatrix}-1\\0\\1\end{pmatrix}.$$

把 $\boldsymbol{\beta}_1,\boldsymbol{\beta}_2$ 正交化,即为所求,于是得

$$\boldsymbol{\alpha}_2=\boldsymbol{\beta}_1=\begin{pmatrix}1\\1\\0\end{pmatrix},\quad \boldsymbol{\alpha}_3=\boldsymbol{\beta}_2-\frac{(\boldsymbol{\beta}_1,\boldsymbol{\beta}_2)}{(\boldsymbol{\beta}_1,\boldsymbol{\beta}_1)}\boldsymbol{\beta}_1=\begin{pmatrix}-1\\0\\1\end{pmatrix}+\frac{1}{2}\begin{pmatrix}1\\1\\0\end{pmatrix}=\frac{1}{2}\begin{pmatrix}-1\\1\\2\end{pmatrix}.$$

### 5.1.4　正交矩阵与正交变换

**定义 5.4**　若 $n$ 阶方阵 $\boldsymbol{A}$ 满足 $\boldsymbol{A}^{\mathrm{T}}\boldsymbol{A}=\boldsymbol{E}$(即 $\boldsymbol{A}^{-1}=\boldsymbol{A}^{\mathrm{T}}$),则称 $\boldsymbol{A}$ 为正交矩阵.

例如,矩阵

$$\boldsymbol{A}=\begin{pmatrix}\cos\alpha & -\sin\alpha\\ \sin\alpha & \cos\alpha\end{pmatrix},\quad \boldsymbol{B}=\begin{bmatrix}1&0&0\\0&0&-1\\0&-1&0\end{bmatrix}$$

都是正交矩阵.

由定义 5.4 不难验证,正交矩阵具有下述性质:

(1) 若 $\boldsymbol{A}$ 为正交矩阵,则其行列式等于 1 或 $-1$;

(2) 若 $\boldsymbol{A}$ 为正交矩阵,则 $\boldsymbol{A}$ 可逆,并且 $\boldsymbol{A}^{-1},\boldsymbol{A}^{*}$ 也是正交矩阵;

(3) 若 $\boldsymbol{A},\boldsymbol{B}$ 为同阶正交矩阵,则 $\boldsymbol{AB},\boldsymbol{BA}$ 都是正交矩阵.

另外,由定义 5.4 还可以看出,若设 $n$ 阶矩阵 $\boldsymbol{A}=(\boldsymbol{\alpha}_1,\boldsymbol{\alpha}_2,\cdots,\boldsymbol{\alpha}_n)$ 为正交矩阵,其中 $\boldsymbol{\alpha}_1,\boldsymbol{\alpha}_2,\cdots,\boldsymbol{\alpha}_n$ 是 $\boldsymbol{A}$ 的列向量组,则有

$$\boldsymbol{A}^{\mathrm{T}}\boldsymbol{A}=\begin{pmatrix}\boldsymbol{\alpha}_1^{\mathrm{T}}\\ \boldsymbol{\alpha}_2^{\mathrm{T}}\\ \vdots\\ \boldsymbol{\alpha}_n^{\mathrm{T}}\end{pmatrix}(\boldsymbol{\alpha}_1,\boldsymbol{\alpha}_2,\cdots,\boldsymbol{\alpha}_n)=\begin{pmatrix}\boldsymbol{\alpha}_1^{\mathrm{T}}\boldsymbol{\alpha}_1 & \boldsymbol{\alpha}_1^{\mathrm{T}}\boldsymbol{\alpha}_2 & \cdots & \boldsymbol{\alpha}_1^{\mathrm{T}}\boldsymbol{\alpha}_n\\ \boldsymbol{\alpha}_2^{\mathrm{T}}\boldsymbol{\alpha}_1 & \boldsymbol{\alpha}_2^{\mathrm{T}}\boldsymbol{\alpha}_2 & \cdots & \boldsymbol{\alpha}_2^{\mathrm{T}}\boldsymbol{\alpha}_n\\ \vdots & \vdots & & \vdots\\ \boldsymbol{\alpha}_n^{\mathrm{T}}\boldsymbol{\alpha}_1 & \boldsymbol{\alpha}_n^{\mathrm{T}}\boldsymbol{\alpha}_2 & \cdots & \boldsymbol{\alpha}_n^{\mathrm{T}}\boldsymbol{\alpha}_n\end{pmatrix}=\boldsymbol{E},$$

亦即

$$\boldsymbol{\alpha}_i^{\mathrm{T}}\boldsymbol{\alpha}_j=\begin{cases}1,i=j,\\0,i\neq j.\end{cases}\qquad i,j=1,2,\cdots,n.$$

因此,有如下定理:

**定理 5.2**　$\boldsymbol{A}$ 为正交矩阵的充分必要条件是 $\boldsymbol{A}$ 的列(行)向量组是正交单位向量组.

**定义 5.5**　$n$ 个变量 $x_1,x_2,\cdots,x_n$ 与 $m$ 个变量 $y_1,y_2,\cdots,y_m$ 之间的关系式

$$\begin{cases} y_1 = p_{11}x_1 + p_{12}x_2 + \cdots + p_{1n}x_n, \\ y_2 = p_{21}x_1 + p_{22}x_2 + \cdots + p_{2n}x_n, \\ \qquad\cdots\cdots \\ y_m = p_{m1}x_1 + p_{m2}x_2 + \cdots + p_{mn}x_n \end{cases}$$

称为从变量 $x_1, x_2, \cdots, x_n$ 到变量 $y_1, y_2, \cdots, y_m$ 的线性变换.

若设，$\boldsymbol{P} = (p_{ij})_{m\times n} = \begin{pmatrix} p_{11} & p_{12} & \cdots & p_{1n} \\ p_{21} & p_{22} & \cdots & p_{2n} \\ \vdots & \vdots & & \vdots \\ p_{m1} & p_{m2} & \cdots & p_{mn} \end{pmatrix}$， $\boldsymbol{x} = \begin{pmatrix} x_1 \\ x_2 \\ \vdots \\ x_n \end{pmatrix}$， $\boldsymbol{y} = \begin{pmatrix} y_1 \\ y_2 \\ \vdots \\ y_m \end{pmatrix}$，

则线性变换用矩阵就可以表示为 $\boldsymbol{y} = \boldsymbol{Px}$.

**定义 5.6** 若 $\boldsymbol{P}$ 为正交矩阵，则线性变换 $\boldsymbol{y} = \boldsymbol{Px}$ 称为正交变换.

由于正交变换能保持向量的内积、长度及向量之间的夹角不变，所以在正交变换下，图形的几何性质不变，因此正交变换在许多实际问题中都有重要应用.

## 5.2 方阵的特征值与特征向量

科学技术中的许多问题往往要归结为求一个方阵的特征值与特征向量的问题，如振动问题和稳定性问题，以及用正交变换将二次型化成标准型等问题，其核心内容都是求方阵的特征值与特征向量.

### 5.2.1 特征值与特征向量的概念

**定义 5.7** 设 $\boldsymbol{A}$ 是 $n$ 阶方阵，如果数 $\lambda$ 和 $n$ 维非零列向量 $\boldsymbol{x}$ 使得

$$\boldsymbol{Ax} = \lambda\boldsymbol{x} \tag{5.1}$$

成立，则称数 $\lambda$ 为方阵 $\boldsymbol{A}$ 的特征值，称非零向量 $\boldsymbol{x}$ 为方阵 $\boldsymbol{A}$ 的对应于特征值 $\lambda$ 的特征向量.

式(5.1)也可写成

$$(\boldsymbol{A} - \lambda\boldsymbol{E})\boldsymbol{x} = \boldsymbol{0}.$$

这是一个有 $n$ 个未知数和 $n$ 个方程的齐次线性方程组，它有非零解的充分必要条件是系数行列式等于零，即

$$|\boldsymbol{A} - \lambda\boldsymbol{E}| = 0. \tag{5.2}$$

如设

$$\boldsymbol{A} = \begin{pmatrix} a_{11} & a_{12} & \cdots & a_{1n} \\ a_{21} & a_{22} & \cdots & a_{2n} \\ \vdots & \vdots & & \vdots \\ a_{n1} & a_{n2} & \cdots & a_{nn} \end{pmatrix},$$

式(5.2)即为

$$|\boldsymbol{A}-\lambda\boldsymbol{E}|=\begin{vmatrix} a_{11}-\lambda & a_{12} & \cdots & a_{1n} \\ a_{21} & a_{22}-\lambda & \cdots & a_{2n} \\ \vdots & \vdots & & \vdots \\ a_{n1} & a_{n2} & \cdots & a_{nn}-\lambda \end{vmatrix}=0.$$

这是一个以 $\lambda$ 为未知量的一元 $n$ 次方程，称为方阵 $\boldsymbol{A}$ 的特征方程. 而行列式 $|\boldsymbol{A}-\lambda\boldsymbol{E}|$ 是一个关于 $\lambda$ 的 $n$ 次多项式，称为方阵 $\boldsymbol{A}$ 的特征多项式. 显然，方阵 $\boldsymbol{A}$ 的特征值就是它的特征方程 $|\boldsymbol{A}-\lambda\boldsymbol{E}|=0$ 的根，而对应于特征值 $\lambda$ 的特征向量 $\boldsymbol{x}$ 就是齐次线性方程组 $(\boldsymbol{A}-\lambda\boldsymbol{E})\boldsymbol{x}=\boldsymbol{0}$ 的非零解.

### 5.2.2　特征值与特征向量的求法

求 $n$ 阶方阵 $\boldsymbol{A}$ 的特征值与特征向量的方法如下：

(1) 计算 $\boldsymbol{A}$ 的特征多项式 $|\boldsymbol{A}-\lambda\boldsymbol{E}|$；

(2) 求出特征方程 $|\boldsymbol{A}-\lambda\boldsymbol{E}|=0$ 的全部根，即得 $\boldsymbol{A}$ 的全部特征值；

(3) 对于每一个求出的特征值 $\lambda_i$，求出其相应的齐次线性方程组 $(\boldsymbol{A}-\lambda_i\boldsymbol{E})\boldsymbol{x}=\boldsymbol{0}$ 的非零解，即得对应于 $\lambda_i$ 的特征向量.

**例 5.3**　求矩阵 $\boldsymbol{A}=\begin{pmatrix} -1 & 1 & 0 \\ -4 & 3 & 0 \\ 1 & 0 & 2 \end{pmatrix}$ 的特征值和特征向量.

**解**　$\boldsymbol{A}$ 的特征多项式为

$$|\boldsymbol{A}-\lambda\boldsymbol{E}|=\begin{vmatrix} -1-\lambda & 1 & 0 \\ -4 & 3-\lambda & 0 \\ 1 & 0 & 2-\lambda \end{vmatrix}=(2-\lambda)(1-\lambda)^2,$$

所以 $\boldsymbol{A}$ 的特征值为

$$\lambda_1=2,\quad \lambda_2=\lambda_3=1.$$

当 $\lambda_1=2$ 时，解方程 $(\boldsymbol{A}-2\boldsymbol{E})\boldsymbol{x}=\boldsymbol{0}$. 由

$$\boldsymbol{A}-2\boldsymbol{E}=\begin{pmatrix} -3 & 1 & 0 \\ -4 & 1 & 0 \\ 1 & 0 & 0 \end{pmatrix}\xrightarrow{r}\begin{pmatrix} 1 & 0 & 0 \\ 0 & 1 & 0 \\ 0 & 0 & 0 \end{pmatrix}$$

得基础解系

$$\boldsymbol{p}_1=\begin{pmatrix} 0 \\ 0 \\ 1 \end{pmatrix},$$

所以对应于 $\lambda_1=2$ 的全部特征向量为 $k_1\boldsymbol{p}_1\,(k_1\neq 0)$.

当 $\lambda_2=\lambda_3=1$ 时，解方程 $(\boldsymbol{A}-\boldsymbol{E})\boldsymbol{x}=\boldsymbol{0}$. 由

$$A-E=\begin{pmatrix}-2&1&0\\-4&2&0\\1&0&1\end{pmatrix}\xrightarrow{r}\begin{pmatrix}1&0&1\\0&1&2\\0&0&0\end{pmatrix}$$

得基础解系

$$\boldsymbol{p}_2=\begin{pmatrix}-1\\-2\\1\end{pmatrix},$$

所以对应于 $\lambda_2=\lambda_3=1$ 的全部特征向量为 $k_2\boldsymbol{p}_2(k_2\neq 0)$.

**例 5.4**　求矩阵 $A=\begin{pmatrix}1&0&0\\-2&5&-2\\-2&4&-1\end{pmatrix}$ 的特征值和特征向量.

**解**　$A$ 的特征多项式为

$$|A-\lambda E|=\begin{vmatrix}1-\lambda&0&0\\-2&5-\lambda&-2\\-2&4&-1-\lambda\end{vmatrix}=(3-\lambda)(1-\lambda)^2,$$

所以 $A$ 的特征值为

$$\lambda_1=3,\quad \lambda_2=\lambda_3=1.$$

当 $\lambda_1=3$ 时,解方程 $(A-3E)\boldsymbol{x}=\boldsymbol{0}$. 由

$$A-3E=\begin{pmatrix}-2&0&0\\-2&2&-2\\-2&4&-4\end{pmatrix}\xrightarrow{r}\begin{pmatrix}1&0&0\\0&1&-1\\0&0&0\end{pmatrix}$$

得基础解系

$$\boldsymbol{p}_1=\begin{pmatrix}0\\1\\1\end{pmatrix},$$

所以对应于 $\lambda_1=3$ 的全部特征向量为 $k_1\boldsymbol{p}_1(k_1\neq 0)$.

当 $\lambda_2=\lambda_3=1$ 时,解方程 $(A-E)\boldsymbol{x}=\boldsymbol{0}$. 由

$$A-E=\begin{pmatrix}0&0&0\\-2&4&-2\\-2&4&-2\end{pmatrix}\xrightarrow{r}\begin{pmatrix}1&-2&1\\0&0&0\\0&0&0\end{pmatrix}$$

得基础解系

$$\boldsymbol{p}_2=\begin{pmatrix}2\\1\\0\end{pmatrix},\quad \boldsymbol{p}_3=\begin{pmatrix}-1\\0\\1\end{pmatrix},$$

所以对应于 $\lambda_2=\lambda_3=1$ 的全部特征向量为 $k_2\boldsymbol{p}_2+k_3\boldsymbol{p}_3(k_2,k_3$ 不同时为 $0)$.

### 5.2.3　特征值与特征向量的性质

**性质 5.1**　设 $\lambda_1,\lambda_2,\cdots,\lambda_n$ 是 $n$ 阶方阵 $\boldsymbol{A}=(a_{ij})_{n\times n}$ 的 $n$ 个特征值(包括重根),则

(1) $\lambda_1+\lambda_2+\cdots+\lambda_n=a_{11}+a_{22}+\cdots a_{nn}$;

(2) $\lambda_1\lambda_2\cdots\lambda_n=|\boldsymbol{A}|$.

由此可见,方阵 $\boldsymbol{A}$ 可逆的充要条件是零不是 $\boldsymbol{A}$ 的特征值.

**性质 5.2**　设 $\boldsymbol{\alpha}$ 是 $\boldsymbol{A}$ 关于特征值 $\lambda_0$ 的特征向量,则对于任意常数 $k\neq0$,$k\boldsymbol{\alpha}$ 也是 $\boldsymbol{A}$ 关于 $\lambda_0$ 的特征向量.

**性质 5.3**　若 $\boldsymbol{\alpha}_1,\boldsymbol{\alpha}_2$ 是 $\boldsymbol{A}$ 关于 $\lambda_0$ 的特征向量,则 $k_1\boldsymbol{\alpha}_1+k_2\boldsymbol{\alpha}_2\neq\boldsymbol{0}$ 也是 $\boldsymbol{A}$ 关于 $\lambda_0$ 的特征向量.

**性质 5.4**　设 $\lambda_1,\lambda_2$ 是方阵 $\boldsymbol{A}$ 互不相等的特征值,而 $\boldsymbol{\alpha}_1,\boldsymbol{\alpha}_2$ 分别是属于 $\lambda_1,\lambda_2$ 的特征向量,则向量组 $\boldsymbol{\alpha}_1,\boldsymbol{\alpha}_2$ 线性无关.

**证明**　设有常数 $k_1,k_2$,使得

$$k_1\boldsymbol{\alpha}_1+k_2\boldsymbol{\alpha}_2=\boldsymbol{0},\tag{5.3}$$

则

$$\boldsymbol{A}(k_1\boldsymbol{\alpha}_1+k_2\boldsymbol{\alpha}_2)=\boldsymbol{A0}=\boldsymbol{0},$$

即

$$k_1\lambda_1\boldsymbol{\alpha}_1+k_2\lambda_2\boldsymbol{\alpha}_2=\boldsymbol{0},\tag{5.4}$$

用(5.3)$\times\lambda_2-$(5.4)可得

$$k_1(\lambda_2-\lambda_1)\boldsymbol{\alpha}_1=\boldsymbol{0}.$$

因为 $\lambda_2\neq\lambda_1$ 及 $\boldsymbol{\alpha}_1\neq\boldsymbol{0}$,故 $k_1=0$. 再代入(5.3)由 $\boldsymbol{\alpha}_2\neq\boldsymbol{0}$ 可得 $k_2=0$,所以 $\boldsymbol{\alpha}_1,\boldsymbol{\alpha}_2$ 线性无关.

作为性质 5.4 的推广,有下面更一般的结论.

**定理 5.3**　方阵 $\boldsymbol{A}$ 的属于不同特征值的特征向量一定线性无关.

**性质 5.5**　设 $\lambda$ 是方阵 $\boldsymbol{A}$ 的特征值,则方阵

$$k\boldsymbol{A},\quad a\boldsymbol{A}+b\boldsymbol{E},\quad \boldsymbol{A}^m(m\text{ 为正整数}),\quad \boldsymbol{A}^{-1}(\text{假定 }\boldsymbol{A}\text{ 可逆}),\quad \boldsymbol{A}^*$$

分别有特征值 $k\lambda,a\lambda+b,\lambda^m,\dfrac{1}{\lambda},\dfrac{|\boldsymbol{A}|}{\lambda}$;若 $\boldsymbol{\alpha}$ 是方阵 $\boldsymbol{A}$ 对应于特征值 $\lambda$ 的特征向量,则 $\boldsymbol{\alpha}$ 也是方阵 $k\boldsymbol{A},a\boldsymbol{A}+b\boldsymbol{E},\boldsymbol{A}^m,\boldsymbol{A}^{-1},\boldsymbol{A}^*$ 分别对应于特征值 $k\lambda,a\lambda+b,\lambda^m,\dfrac{1}{\lambda},\dfrac{|\boldsymbol{A}|}{\lambda}$ 的特征向量.

**例 5.5**　设三阶矩阵 $\boldsymbol{A}$ 的特征值为 $1,-1,2$,求 $\boldsymbol{A}^*+3\boldsymbol{A}^{-1}-2\boldsymbol{E}$ 的全部特征值,并证明其可逆.

**解**　因 $\boldsymbol{A}$ 的特征值全不为 0,故 $\boldsymbol{A}$ 可逆,并且

$$|\boldsymbol{A}|=1\times(-1)\times 2=-2,$$

则

$$\boldsymbol{A}^*+3\boldsymbol{A}^{-1}-2\boldsymbol{E}=|\boldsymbol{A}|\boldsymbol{A}^{-1}+3\boldsymbol{A}^{-1}-2\boldsymbol{E}=\boldsymbol{A}^{-1}-2\boldsymbol{E}.$$

又因 $\boldsymbol{A}^{-1}$ 的特征值为 $1,-1,\frac{1}{2}$,所以 $\boldsymbol{A}^*+3\boldsymbol{A}^{-1}-2\boldsymbol{E}$ 的特征值为

$$\lambda_1=1-2=-1,\quad \lambda_2=-1-2=-3,\quad \lambda_3=\frac{1}{2}-2=-\frac{3}{2},$$

则

$$|\boldsymbol{A}^*+3\boldsymbol{A}^{-1}-2\boldsymbol{E}|=\lambda_1\times\lambda_2\times\lambda_3=-\frac{9}{2}.$$

显然,$\boldsymbol{A}^*+3\boldsymbol{A}^{-1}-2\boldsymbol{E}$ 可逆.

## 5.3 相似矩阵

由于对角矩阵在运算上具有很多优点,因此,一个方阵是否和一个对角矩阵有关系是非常值得研究的. 特别是能否存在一个可逆矩阵 $\boldsymbol{P}$,使 $\boldsymbol{P}^{-1}\boldsymbol{A}\boldsymbol{P}$ 为对角矩阵?这就是方阵的相似对角化问题,它与方阵的特征值和特征向量有着密切的关系.

### 5.3.1 相似矩阵的概念

**定义 5.8** 设 $\boldsymbol{A}$ 与 $\boldsymbol{B}$ 都是 $n$ 阶矩阵,若存在 $n$ 阶可逆矩阵 $\boldsymbol{P}$,使得 $\boldsymbol{P}^{-1}\boldsymbol{A}\boldsymbol{P}=\boldsymbol{B}$,则称矩阵 $\boldsymbol{A}$ 与 $\boldsymbol{B}$ 相似,记作 $\boldsymbol{A}\approx\boldsymbol{B}$. 对 $\boldsymbol{A}$ 进行运算 $\boldsymbol{P}^{-1}\boldsymbol{A}\boldsymbol{P}$,称为对 $\boldsymbol{A}$ 进行相似变换,可逆矩阵 $\boldsymbol{P}$ 称为把 $\boldsymbol{A}$ 变成 $\boldsymbol{B}$ 的相似变换矩阵.

例如,矩阵 $\boldsymbol{A}=\begin{pmatrix}2&-3\\-1&4\end{pmatrix}$,$\boldsymbol{B}=\begin{pmatrix}1&0\\0&5\end{pmatrix}$,由于存在可逆矩阵 $\boldsymbol{P}=\begin{pmatrix}3&-1\\1&1\end{pmatrix}$,使得

$$\boldsymbol{P}^{-1}\boldsymbol{A}\boldsymbol{P}=\frac{1}{4}\begin{pmatrix}1&1\\-1&3\end{pmatrix}\begin{pmatrix}2&-3\\-1&4\end{pmatrix}\begin{pmatrix}3&-1\\1&1\end{pmatrix}=\begin{pmatrix}1&0\\0&5\end{pmatrix}=\boldsymbol{B},$$

因此,$\boldsymbol{A}$ 与 $\boldsymbol{B}$ 相似.

相似是方阵之间的一种关系,这种关系具有以下基本性质:

(1) 反身性:$\boldsymbol{A}\approx\boldsymbol{A}$;

(2) 对称性: 若 $\boldsymbol{A}\approx\boldsymbol{B}$,则 $\boldsymbol{B}\approx\boldsymbol{A}$;

(3) 传递性: 若 $\boldsymbol{A}\approx\boldsymbol{B}$,$\boldsymbol{B}\approx\boldsymbol{C}$, 则 $\boldsymbol{A}\approx\boldsymbol{C}$.

### 5.3.2 相似矩阵的性质

**定理 5.4** 若 $\boldsymbol{A}\approx\boldsymbol{B}$,则

(1) $|\boldsymbol{A}|=|\boldsymbol{B}|$;

(2) $\boldsymbol{A}^m \approx \boldsymbol{B}^m$；

(3) $\boldsymbol{\varphi}(\boldsymbol{A}) \approx \boldsymbol{\varphi}(\boldsymbol{B})$，其中 $\boldsymbol{\varphi}(\boldsymbol{A}) = a_0\boldsymbol{E} + a_1\boldsymbol{A} + a_2\boldsymbol{A}^2 + \cdots + a_m\boldsymbol{A}^m$（其中 $a_i$ 为常数）；

(4) $\boldsymbol{A}$ 与 $\boldsymbol{B}$ 具有相同的特征值和特征多项式，即 $|\boldsymbol{A}-\lambda\boldsymbol{E}| = |\boldsymbol{B}-\lambda\boldsymbol{E}|$.

**证明**　下面仅证结论(3)和(4).

若 $\boldsymbol{A} \approx \boldsymbol{B}$，则存在可逆矩阵 $\boldsymbol{P}$，使得 $\boldsymbol{P}^{-1}\boldsymbol{A}\boldsymbol{P} = \boldsymbol{B}$，从而

$$\begin{aligned}\boldsymbol{P}^{-1}\boldsymbol{\varphi}(\boldsymbol{A})\boldsymbol{P} &= \boldsymbol{P}^{-1}(a_0\boldsymbol{E} + a_1\boldsymbol{A} + a_2\boldsymbol{A}^2 + \cdots + a_m\boldsymbol{A}^m)\boldsymbol{P} \\ &= a_0\boldsymbol{E} + a_1\boldsymbol{P}^{-1}\boldsymbol{A}\boldsymbol{P} + a_2\boldsymbol{P}^{-1}\boldsymbol{A}^2\boldsymbol{P} + \cdots + a_m\boldsymbol{P}^{-1}\boldsymbol{A}^m\boldsymbol{P} \\ &= a_0\boldsymbol{E} + a_1\boldsymbol{B} + a_2\boldsymbol{B}^2 + \cdots + a_m\boldsymbol{B}^m = \boldsymbol{\varphi}(\boldsymbol{B}),\end{aligned}$$

所以 $\boldsymbol{\varphi}(\boldsymbol{A}) \approx \boldsymbol{\varphi}(\boldsymbol{B})$.

又因为

$$\begin{aligned}|\boldsymbol{B}-\lambda\boldsymbol{E}| &= |\boldsymbol{P}^{-1}\boldsymbol{A}\boldsymbol{P}-\lambda\boldsymbol{E}| = |\boldsymbol{P}^{-1}(\boldsymbol{A}-\lambda\boldsymbol{E})\boldsymbol{P}| \\ &= |\boldsymbol{P}^{-1}|\,|\boldsymbol{A}-\lambda\boldsymbol{E}|\,|\boldsymbol{P}| = |\boldsymbol{A}-\lambda\boldsymbol{E}|,\end{aligned}$$

所以矩阵 $\boldsymbol{A}$ 与 $\boldsymbol{B}$ 具有相同的特征多项式，从而特征值也相同.

### 5.3.3　矩阵相似对角化的条件

**定义 5.9**　对于 $n$ 阶矩阵 $\boldsymbol{A}$，若能找到一个可逆矩阵 $\boldsymbol{P}$，使得 $\boldsymbol{P}^{-1}\boldsymbol{A}\boldsymbol{P} = \boldsymbol{\Lambda}$ 为对角矩阵，则称 $\boldsymbol{A}$ 可相似对角化，简称为 $\boldsymbol{A}$ 可对角化.

**定理 5.5**　$n$ 阶矩阵 $\boldsymbol{A}$ 可相似对角化的充分必要条件是 $\boldsymbol{A}$ 有 $n$ 个线性无关的特征向量.

**证明**　必要性. 设 $n$ 阶矩阵 $\boldsymbol{A}$ 相似于对角矩阵

$$\boldsymbol{\Lambda} = \begin{pmatrix}\lambda_1 & & & \\ & \lambda_2 & & \\ & & \ddots & \\ & & & \lambda_n\end{pmatrix},$$

则存在可逆矩阵 $\boldsymbol{P}$，使得 $\boldsymbol{P}^{-1}\boldsymbol{A}\boldsymbol{P} = \boldsymbol{\Lambda}$，于是 $\boldsymbol{A}\boldsymbol{P} = \boldsymbol{P}\boldsymbol{\Lambda}$. 把矩阵 $\boldsymbol{P}$ 用其列向量表示为

$$\boldsymbol{P} = (\boldsymbol{p}_1, \boldsymbol{p}_2, \cdots, \boldsymbol{p}_n),$$

则有

$$\boldsymbol{A}(\boldsymbol{p}_1, \boldsymbol{p}_2, \cdots, \boldsymbol{p}_n) = (\boldsymbol{p}_1, \boldsymbol{p}_2, \cdots, \boldsymbol{p}_n)\begin{pmatrix}\lambda_1 & & & \\ & \lambda_2 & & \\ & & \ddots & \\ & & & \lambda_n\end{pmatrix},$$

即

$$(\boldsymbol{A}\boldsymbol{p}_1, \boldsymbol{A}\boldsymbol{p}_2, \cdots, \boldsymbol{A}\boldsymbol{p}_n) = (\lambda_1\boldsymbol{p}_1, \lambda_2\boldsymbol{p}_2, \cdots, \lambda_n\boldsymbol{p}_n),$$

于是有

$$\boldsymbol{A}\boldsymbol{p}_i = \lambda_i\boldsymbol{p}_i\ (i = 1, 2, \cdots, n),$$

所以 $\lambda_i$ 是 $\boldsymbol{A}$ 的特征值，$\boldsymbol{p}_i$ 是 $\boldsymbol{A}$ 对应于特征值 $\lambda_i$ 的特征向量. 又因为矩阵 $\boldsymbol{P}$ 可逆，故 $\boldsymbol{A}$ 有 $n$ 个线性无关的特征向量.

充分性. 设 $\boldsymbol{A}$ 有 $n$ 个线性无关的特征向量 $\boldsymbol{p}_1,\boldsymbol{p}_2,\cdots,\boldsymbol{p}_n$，它们依次属于特征值 $\lambda_1,\lambda_2,\cdots,\lambda_n$，即 $\boldsymbol{A}\boldsymbol{p}_i=\lambda_i\boldsymbol{p}_i(i=1,2,\cdots,n)$，于是有

$$(\boldsymbol{A}\boldsymbol{p}_1,\boldsymbol{A}\boldsymbol{p}_2,\cdots,\boldsymbol{A}\boldsymbol{p}_n)=(\lambda_1\boldsymbol{p}_1,\lambda_2\boldsymbol{p}_2,\cdots,\lambda_n\boldsymbol{p}_n),$$

即

$$\boldsymbol{A}(\boldsymbol{p}_1,\boldsymbol{p}_2,\cdots,\boldsymbol{p}_n)=(\boldsymbol{p}_1,\boldsymbol{p}_2,\cdots,\boldsymbol{p}_n)\begin{pmatrix}\lambda_1 & & & \\ & \lambda_2 & & \\ & & \ddots & \\ & & & \lambda_n\end{pmatrix}.$$

以 $\boldsymbol{p}_1,\boldsymbol{p}_2,\cdots,\boldsymbol{p}_n$ 为列向量，构造矩阵 $\boldsymbol{P}=(\boldsymbol{p}_1,\boldsymbol{p}_2,\cdots,\boldsymbol{p}_n)$，则上式可表示为

$$\boldsymbol{AP}=\boldsymbol{P\Lambda},$$

其中 $\boldsymbol{\Lambda}=\begin{pmatrix}\lambda_1 & & & \\ & \lambda_2 & & \\ & & \ddots & \\ & & & \lambda_n\end{pmatrix}$. 又由于 $\boldsymbol{p}_1,\boldsymbol{p}_2,\cdots,\boldsymbol{p}_n$ 线性无关，故 $\boldsymbol{P}$ 可逆. 因此，$\boldsymbol{P}^{-1}\boldsymbol{AP}=\boldsymbol{\Lambda}$，所以 $\boldsymbol{A}$ 可相似对角化.

**推论 5.1** 如果 $n$ 阶矩阵 $\boldsymbol{A}$ 有 $n$ 个不同的特征值，则 $\boldsymbol{A}$ 一定可相似对角化.

**例 5.6** 判断矩阵 $\boldsymbol{A}=\begin{pmatrix}3 & -1 & -2\\ 2 & 0 & -2\\ 2 & -1 & -1\end{pmatrix}$ 是否可相似对角化. 若能，求出相似变换矩阵和对角矩阵.

**解** 由于 $\boldsymbol{A}$ 的特征多项式为

$$|\boldsymbol{A}-\lambda\boldsymbol{E}|=\begin{vmatrix}3-\lambda & -1 & -2\\ 2 & -\lambda & -2\\ 2 & -1 & -1-\lambda\end{vmatrix}=\begin{vmatrix}\lambda-3 & 1 & 2\\ -2 & \lambda & 2\\ 0 & \lambda-1 & 1-\lambda\end{vmatrix}$$

$$=(\lambda-1)\begin{vmatrix}\lambda-3 & 1 & 2\\ -2 & \lambda & 2\\ 0 & 1 & -1\end{vmatrix}=-\lambda(\lambda-1)^2,$$

所以 $\boldsymbol{A}$ 的特征值为

$$\lambda_1=0,\quad \lambda_2=\lambda_3=1.$$

当 $\lambda_1=0$ 时，解方程 $(\boldsymbol{A}-0\boldsymbol{E})\boldsymbol{x}=\boldsymbol{0}$，由

$$\boldsymbol{A}=\begin{pmatrix}3 & -1 & -2\\ 2 & 0 & -2\\ 2 & -1 & -1\end{pmatrix}\xrightarrow{r}\begin{pmatrix}1 & 0 & -1\\ 0 & 1 & -1\\ 0 & 0 & 0\end{pmatrix}$$

得基础解系

$$p_1=\begin{pmatrix}1\\1\\1\end{pmatrix},$$

当 $\lambda_2=\lambda_3=1$ 时，解方程 $(\boldsymbol{A}-\boldsymbol{E})\boldsymbol{x}=\boldsymbol{0}$. 由

$$\boldsymbol{A}-\boldsymbol{E}=\begin{pmatrix}2&-1&-2\\2&-1&-2\\2&-1&-2\end{pmatrix}\xrightarrow{r}\begin{pmatrix}1&-1/2&-1\\0&0&0\\0&0&0\end{pmatrix}$$

得基础解系

$$\boldsymbol{p}_2=\begin{pmatrix}1/2\\1\\0\end{pmatrix},\quad \boldsymbol{p}_3=\begin{pmatrix}1\\0\\1\end{pmatrix},$$

因此，三阶矩阵 $\boldsymbol{A}$ 有三个线性无关的特征向量，所以它可相似对角化.

令

$$\boldsymbol{P}=\begin{pmatrix}1&1/2&1\\1&1&0\\1&0&1\end{pmatrix},$$

则可逆矩阵 $\boldsymbol{P}$ 就是所求的相似变换矩阵，使得

$$\boldsymbol{P}^{-1}\boldsymbol{A}\boldsymbol{P}=\boldsymbol{\Lambda}=\begin{pmatrix}0&0&0\\0&1&0\\0&0&1\end{pmatrix}.$$

**例 5.7**　设二阶矩阵 $\boldsymbol{A}$ 的特征值为 1,5，与特征值对应的特征向量分别为 $(1,1)^{\mathrm{T}},(2,-1)^{\mathrm{T}}$，求 $\boldsymbol{A}^n$.

**解**　因为二阶矩阵 $\boldsymbol{A}$ 有两个互异的特征值，所以 $\boldsymbol{A}$ 能相似对角化. 取

$$\boldsymbol{P}=\begin{pmatrix}1&2\\1&-1\end{pmatrix},$$

则有 $\boldsymbol{P}^{-1}\boldsymbol{A}\boldsymbol{P}=\boldsymbol{\Lambda}=\begin{pmatrix}1&0\\0&5\end{pmatrix}$，于是 $\boldsymbol{A}=\boldsymbol{P}\boldsymbol{\Lambda}\boldsymbol{P}^{-1}$，所以

$$\begin{aligned}\boldsymbol{A}^n&=\boldsymbol{P}\boldsymbol{\Lambda}\underbrace{\boldsymbol{P}^{-1}\boldsymbol{P}}_{\boldsymbol{E}}\boldsymbol{\Lambda}\underbrace{\boldsymbol{P}^{-1}\boldsymbol{P}}_{\boldsymbol{E}}\boldsymbol{\Lambda}\boldsymbol{P}^{-1}\cdots\boldsymbol{P}\boldsymbol{\Lambda}\boldsymbol{P}^{-1}\\&=\boldsymbol{P}\boldsymbol{\Lambda}^n\boldsymbol{P}^{-1}\\&=\begin{pmatrix}1&2\\1&-1\end{pmatrix}\begin{pmatrix}1^n&0\\0&5^n\end{pmatrix}\begin{pmatrix}1/3&2/3\\1/3&-1/3\end{pmatrix}\\&=\frac{1}{3}\begin{pmatrix}1+2\cdot5^n&2(1-5^n)\\1-5^n&2+5^n\end{pmatrix}.\end{aligned}$$

## 5.4 对称矩阵的对角化

一个 $n$ 阶矩阵 $\boldsymbol{A}$ 具备什么条件,才能有 $n$ 个线性无关的特征向量,从而实现对角化? 这是一个比较复杂的问题,对此不作一般性的讨论,而仅讨论当 $\boldsymbol{A}$ 为实对称矩阵的情形.

**性质 5.6** 实对称矩阵的特征值为实数.

**证明** 设 $\lambda$ 是实对称矩阵 $\boldsymbol{A}$ 的特征值,$\boldsymbol{p}$ 为对应的特征向量,则 $\boldsymbol{Ap}=\lambda\boldsymbol{p}$. 于是有

$$\overline{\boldsymbol{p}^{\mathrm{T}}}\boldsymbol{Ap}=\overline{\boldsymbol{p}^{\mathrm{T}}}(\boldsymbol{Ap})=\lambda\,\overline{\boldsymbol{p}^{\mathrm{T}}}\boldsymbol{p}$$

及

$$\overline{\boldsymbol{p}^{\mathrm{T}}}\boldsymbol{Ap}=(\overline{\boldsymbol{p}^{\mathrm{T}}}\boldsymbol{A}^{\mathrm{T}})\boldsymbol{p}=\overline{(\boldsymbol{Ap})^{\mathrm{T}}}\boldsymbol{p}=\bar{\lambda}\,\overline{\boldsymbol{p}^{\mathrm{T}}}\boldsymbol{p}.$$

两式相减得

$$(\lambda-\bar{\lambda})\overline{\boldsymbol{p}^{\mathrm{T}}}\boldsymbol{p}=0.$$

因为 $\boldsymbol{p}\neq\boldsymbol{0}$,所以$\overline{\boldsymbol{p}^{\mathrm{T}}}\boldsymbol{p}\neq0$,故 $\lambda-\bar{\lambda}=0$,则 $\lambda$ 为实数.

**性质 5.7** 设 $\lambda_1,\lambda_2$ 是实对称矩阵 $\boldsymbol{A}$ 的两个特征值,$\boldsymbol{p}_1,\boldsymbol{p}_2$ 依次是它们对应的特征向量,若 $\lambda_1\neq\lambda_2$,则 $\boldsymbol{p}_1$ 与 $\boldsymbol{p}_2$ 正交.

**证明** 由已知得

$$\boldsymbol{Ap}_1=\lambda_1\boldsymbol{p}_1, \tag{5.5}$$

$$\boldsymbol{Ap}_2=\lambda_2\boldsymbol{p}_2, \tag{5.6}$$

以 $\boldsymbol{p}_1^{\mathrm{T}}$ 左乘(5.6)的两端得

$$\boldsymbol{p}_1^{\mathrm{T}}(\boldsymbol{Ap}_2)=\lambda_2\boldsymbol{p}_1^{\mathrm{T}}\boldsymbol{p}_2,$$

因为 $\boldsymbol{A}$ 是实对称矩阵,所以 $\boldsymbol{A}=\boldsymbol{A}^{\mathrm{T}}$,则利用(5.5),有

$$\boldsymbol{p}_1^{\mathrm{T}}(\boldsymbol{Ap}_2)=(\boldsymbol{Ap}_1)^{\mathrm{T}}\boldsymbol{p}_2=(\lambda_1\boldsymbol{p}_1)^{\mathrm{T}}\boldsymbol{p}_2=\lambda_1\boldsymbol{p}_1^{\mathrm{T}}\boldsymbol{p}_2,$$

于是

$$(\lambda_1-\lambda_2)\boldsymbol{p}_1^{\mathrm{T}}\boldsymbol{p}_2=0.$$

又因为 $\lambda_1\neq\lambda_2$,所以,$\boldsymbol{p}_1^{\mathrm{T}}\boldsymbol{p}_2=0$,即 $\boldsymbol{p}_1$ 与 $\boldsymbol{p}_2$ 正交.

**性质 5.8** 设 $\boldsymbol{A}$ 为 $n$ 阶实对称矩阵,$\lambda$ 是 $\boldsymbol{A}$ 的特征方程的 $r$ 重根,则矩阵 $\boldsymbol{A}-\lambda\boldsymbol{E}$ 的秩 $R(\boldsymbol{A}-\lambda\boldsymbol{E})=n-r$,从而对应特征值 $\lambda$ 恰有个 $r$ 个线性无关的特征向量.

性质 5.8 不予证明,但由该性质可得如下重要定理:

**定理 5.6** 设 $\boldsymbol{A}$ 为 $n$ 阶实对称矩阵,则必有正交矩阵 $\boldsymbol{P}$,使得 $\boldsymbol{P}^{-1}\boldsymbol{AP}=\boldsymbol{\Lambda}$,其中 $\boldsymbol{\Lambda}$ 是以 $\boldsymbol{A}$ 的 $n$ 个特征值为对角元的对角矩阵.

**证明** 设 $\boldsymbol{A}$ 的互不相等的特征值为 $\lambda_1,\lambda_2,\cdots,\lambda_m$,它们的重数依次为 $r_1,r_2,\cdots,r_m(r_1+r_2+\cdots+r_m=n)$. 根据性质 5.8 知,对应于特征值 $\lambda_i$ 恰有 $r_i$ 个线性无关的实特征向量, 将它们正交单位化,即得 $r_i$ 个单位正交的特征向量 $\boldsymbol{e}_{i1},\boldsymbol{e}_{i2},\cdots,\boldsymbol{e}_{ir_i}$ $(i=1,2,\cdots,m)$. 由于 $r_1+r_2+\cdots+r_m=n$,所以这样的特征向量恰有 $n$ 个.

再由性质 5.7 知,实对称矩阵不相等的特征值对应的特征向量正交,所以向量组 $\boldsymbol{e}_{11},\boldsymbol{e}_{12},\cdots,\boldsymbol{e}_{1r_1},\boldsymbol{e}_{21},\boldsymbol{e}_{22},\cdots,\boldsymbol{e}_{2r_2},\cdots,\boldsymbol{e}_{m1},\boldsymbol{e}_{m2},\cdots,\boldsymbol{e}_{mr_m}$ 是正交单位向量组,以它们为列构成 $n$ 阶正交矩阵 $\boldsymbol{P}$,则有 $\boldsymbol{P}^{-1}\boldsymbol{A}\boldsymbol{P}=\boldsymbol{\Lambda}$,其中对角矩阵 $\boldsymbol{\Lambda}$ 的对角元素含 $r_1$ 个 $\lambda_1$,$r_2$ 个 $\lambda_2$,$\cdots$,$r_m$ 个 $\lambda_m$,恰是 $\boldsymbol{A}$ 的 $n$ 个特征值,即 $\boldsymbol{\Lambda}$ 是以 $\boldsymbol{A}$ 的 $n$ 个特征值为对角元的对角矩阵.

**例 5.8**　设矩阵 $\boldsymbol{A}=\begin{pmatrix}1&0&1\\0&1&1\\1&1&2\end{pmatrix}$,求一个正交矩阵 $\boldsymbol{P}$,使得 $\boldsymbol{P}^{-1}\boldsymbol{A}\boldsymbol{P}=\boldsymbol{\Lambda}$ 为对角矩阵.

**解**　由 $\boldsymbol{A}$ 的特征多项式

$$|\boldsymbol{A}-\lambda\boldsymbol{E}|=\begin{vmatrix}1-\lambda&0&1\\0&1-\lambda&1\\1&1&2-\lambda\end{vmatrix}=-\lambda(\lambda-1)(\lambda-3)$$

得 $\boldsymbol{A}$ 的特征值为

$$\lambda_1=0,\quad \lambda_2=1,\quad \lambda_3=3.$$

当 $\lambda_1=0$ 时,解方程 $(\boldsymbol{A}-0\boldsymbol{E})\boldsymbol{x}=\boldsymbol{0}$. 由

$$\boldsymbol{A}-0\boldsymbol{E}=\begin{pmatrix}1&0&1\\0&1&1\\1&1&2\end{pmatrix}\xrightarrow{r}\begin{pmatrix}1&0&1\\0&1&1\\0&0&0\end{pmatrix}$$

得基础解系

$$\boldsymbol{\xi}_1=\begin{pmatrix}1\\1\\-1\end{pmatrix}.$$

当 $\lambda_2=1$ 时,解方程 $(\boldsymbol{A}-\boldsymbol{E})\boldsymbol{x}=\boldsymbol{0}$. 由

$$\boldsymbol{A}-\boldsymbol{E}=\begin{pmatrix}0&0&1\\0&0&1\\1&1&1\end{pmatrix}\xrightarrow{r}\begin{pmatrix}1&1&0\\0&0&1\\0&0&0\end{pmatrix}$$

得基础解系

$$\boldsymbol{\xi}_2=\begin{pmatrix}1\\-1\\0\end{pmatrix}.$$

当 $\lambda_3=3$ 时,解方程 $(\boldsymbol{A}-3\boldsymbol{E})\boldsymbol{x}=\boldsymbol{0}$. 由

$$\boldsymbol{A}-3\boldsymbol{E}=\begin{pmatrix}-2&0&1\\0&-2&1\\1&1&-1\end{pmatrix}\xrightarrow{r}\begin{pmatrix}1&0&-1/2\\0&1&-1/2\\0&0&0\end{pmatrix}$$

得基础解系

$$\boldsymbol{\xi}_3=\begin{pmatrix}1\\1\\2\end{pmatrix}.$$

由于 $\boldsymbol{\xi}_1,\boldsymbol{\xi}_2,\boldsymbol{\xi}_3$ 是属于 $\boldsymbol{A}$ 的三个不同特征值的特征向量,故它们已正交. 现只需将其单位化得

$$\boldsymbol{p}_1=\frac{\boldsymbol{\xi}_1}{\|\boldsymbol{\xi}_1\|}=\frac{1}{\sqrt{3}}\begin{pmatrix}1\\1\\-1\end{pmatrix},\quad \boldsymbol{p}_2=\frac{\boldsymbol{\xi}_2}{\|\boldsymbol{\xi}_2\|}=\frac{1}{\sqrt{2}}\begin{pmatrix}1\\-1\\0\end{pmatrix},\quad \boldsymbol{p}_3=\frac{\boldsymbol{\xi}_3}{\|\boldsymbol{\xi}_3\|}=\frac{1}{\sqrt{6}}\begin{pmatrix}1\\1\\2\end{pmatrix}.$$

构造正交矩阵

$$\boldsymbol{P}=(\boldsymbol{p}_1,\boldsymbol{p}_2,\boldsymbol{p}_3)=\begin{pmatrix}\frac{1}{\sqrt{3}} & \frac{1}{\sqrt{2}} & \frac{1}{\sqrt{6}}\\ \frac{1}{\sqrt{3}} & -\frac{1}{\sqrt{2}} & \frac{1}{\sqrt{6}}\\ -\frac{1}{\sqrt{3}} & 0 & \frac{2}{\sqrt{6}}\end{pmatrix},$$

使得

$$\boldsymbol{P}^{-1}\boldsymbol{A}\boldsymbol{P}=\boldsymbol{P}^{\mathrm{T}}\boldsymbol{A}\boldsymbol{P}=\boldsymbol{\Lambda}=\begin{pmatrix}0&0&0\\0&1&0\\0&0&3\end{pmatrix}.$$

**例 5.9** 设矩阵 $\boldsymbol{A}=\begin{pmatrix}1&1&1\\1&1&1\\1&1&1\end{pmatrix}$,求一个正交矩阵 $\boldsymbol{P}$,使得 $\boldsymbol{P}^{-1}\boldsymbol{A}\boldsymbol{P}=\boldsymbol{\Lambda}$ 为对角矩阵.

**解** 由 $\boldsymbol{A}$ 的特征多项式

$$|\boldsymbol{A}-\lambda\boldsymbol{E}|=\begin{vmatrix}1-\lambda & 1 & 1\\ 1 & 1-\lambda & 1\\ 1 & 1 & 1-\lambda\end{vmatrix}=(3-\lambda)\lambda^2$$

得 $\boldsymbol{A}$ 的特征值为

$$\lambda_1=\lambda_2=0,\quad \lambda_3=3.$$

当 $\lambda_1=\lambda_2=0$ 时,解方程 $(\boldsymbol{A}-0\boldsymbol{E})\boldsymbol{x}=\boldsymbol{0}$. 得基础解系

$$\boldsymbol{\xi}_1=\begin{pmatrix}-1\\1\\0\end{pmatrix},\quad \boldsymbol{\xi}_2=\begin{pmatrix}-1\\0\\1\end{pmatrix}.$$

先将其正交化. 取

$$\boldsymbol{\eta}_1=\boldsymbol{\xi}_1=\begin{pmatrix}-1\\1\\0\end{pmatrix},$$

$$\boldsymbol{\eta}_2=\boldsymbol{\xi}_2-\frac{(\boldsymbol{\xi}_2,\boldsymbol{\eta}_1)}{(\boldsymbol{\eta}_1,\boldsymbol{\eta}_1)}\boldsymbol{\eta}_1=\begin{pmatrix}-1\\0\\1\end{pmatrix}-\frac{1}{2}\begin{pmatrix}-1\\1\\0\end{pmatrix}=\frac{1}{2}\begin{pmatrix}-1\\-1\\2\end{pmatrix},$$

再单位化得

$$\boldsymbol{p}_1=\frac{\boldsymbol{\eta}_1}{\|\boldsymbol{\eta}_1\|}=\frac{1}{\sqrt{2}}\begin{pmatrix}-1\\1\\0\end{pmatrix},\quad \boldsymbol{p}_2=\frac{\boldsymbol{\eta}_2}{\|\boldsymbol{\eta}_2\|}=\frac{1}{\sqrt{6}}\begin{pmatrix}-1\\-1\\2\end{pmatrix}.$$

当 $\lambda_3=3$ 时,解方程 $(\boldsymbol{A}-3\boldsymbol{E})\boldsymbol{x}=\boldsymbol{0}$ 得基础解系

$$\boldsymbol{\xi}_3=\begin{pmatrix}1\\1\\1\end{pmatrix},$$

单位化得

$$\boldsymbol{p}_3=\frac{1}{\sqrt{3}}\begin{pmatrix}1\\1\\1\end{pmatrix}.$$

于是得正交矩阵

$$\boldsymbol{P}=(\boldsymbol{p}_1,\boldsymbol{p}_2,\boldsymbol{p}_3)=\begin{pmatrix}-\frac{1}{\sqrt{2}} & -\frac{1}{\sqrt{6}} & \frac{1}{\sqrt{3}}\\ \frac{1}{\sqrt{2}} & -\frac{1}{\sqrt{6}} & \frac{1}{\sqrt{3}}\\ 0 & \frac{2}{\sqrt{6}} & \frac{1}{\sqrt{3}}\end{pmatrix},$$

使得

$$\boldsymbol{P}^{-1}\boldsymbol{A}\boldsymbol{P}=\boldsymbol{P}^{\mathrm{T}}\boldsymbol{A}\boldsymbol{P}=\begin{pmatrix}0 & & \\ & 0 & \\ & & 3\end{pmatrix}.$$

## 5.5　二次型及其标准形

在解析几何中,为了便于研究二次曲线 $ax^2+bxy+cy^2=1$ 的几何性质,要选择适当的坐标旋转变换

$$\begin{cases}x=x'\cos\theta-y'\sin\theta,\\ y=x'\sin\theta+y'\cos\theta,\end{cases}$$

把方程化为标准形 $mx'^2+ny'^2=1$,这样就很容易讨论 $ax^2+bxy+cy^2=1$ 的性质了.类似这种将二次齐次多项式化简成只含平方项的问题,不但在几何中常会遇

到，而且在数学的其他分支以及物理、力学和工程技术中也常会遇到，因此，有必要把这类问题一般化，讨论 $n$ 个变量的二次齐次多项式的化简问题，这就是二次型化标准形的问题.

### 5.5.1 二次型及其矩阵形式

**定义 5.10** 含有 $n$ 个变量 $x_1, x_2, \cdots, x_n$ 的二次齐次函数

$$f(x_1, x_2, \cdots, x_n) = a_{11}x_1^2 + a_{22}x_2^2 + \cdots + a_{nn}x_n^2 + 2a_{12}x_1x_2 + 2a_{13}x_1x_3 + \cdots + 2a_{n-1,n}x_{n-1}x_n \tag{5.7}$$

称为二次型.

当 $a_{ij}$ 为复数时，$f$ 称为复二次型；当 $a_{ij}$ 为实数时，$f$ 称为实二次型. 在本书中，仅讨论实二次型，所求的线性变换也仅限于实系数范围内.

若取 $a_{ji} = a_{ij}$，则 $2a_{ij}x_ix_j = a_{ij}x_ix_j + a_{ji}x_jx_i$. 于是式(5.7)可写成

$$\begin{aligned} f(x_1, x_2, \cdots, x_n) &= a_{11}x_1^2 + a_{12}x_1x_2 + \cdots + a_{1n}x_1x_n \\ &\quad + a_{21}x_2x_1 + a_{22}x_2^2 + \cdots + a_{2n}x_2x_n \\ &\quad + \cdots \\ &\quad + a_{n1}x_nx_1 + a_{n2}x_nx_2 + \cdots + a_{nn}x_n^2 \\ &= \sum_{i=1}^{n}\sum_{j=1}^{n} a_{ij}x_ix_j . \end{aligned}$$

若记

$$\boldsymbol{A} = \begin{pmatrix} a_{11} & a_{12} & \cdots & a_{1n} \\ a_{21} & a_{22} & \cdots & a_{2n} \\ \vdots & \vdots & & \vdots \\ a_{n1} & a_{n2} & \cdots & a_{nn} \end{pmatrix}, \quad \boldsymbol{x} = \begin{pmatrix} x_1 \\ x_2 \\ \vdots \\ x_n \end{pmatrix},$$

则二次型(5.7)可用矩阵表示为

$$f = \boldsymbol{x}^{\mathrm{T}}\boldsymbol{A}\boldsymbol{x}. \tag{5.8}$$

例如，二次型 $f(x, y, z) = 3x^2 - 2z^2 + 4xy - yz$ 可用矩阵表示为

$$f(x, y, z) = (x, y, z)\begin{pmatrix} 3 & 2 & 0 \\ 2 & 0 & -\frac{1}{2} \\ 0 & -\frac{1}{2} & -2 \end{pmatrix}\begin{pmatrix} x \\ y \\ z \end{pmatrix},$$

可见，任给一个二次型，就唯一地确定了一个对称矩阵；反之，任给一个对称矩阵，也可惟一地确定一个二次型. 这样，二次型与对称阵之间存在一一对应的关系. 因此，把对称矩阵 $\boldsymbol{A}$ 称为二次型 $f$ 的矩阵，也把 $f$ 称为对称矩阵 $\boldsymbol{A}$ 的二次型，对称矩阵 $\boldsymbol{A}$ 的秩就称为二次型 $f$ 的秩.

如果二次型中只含平方项,不含交叉项，形如

$$f=k_1y_1^2+k_2y_2^2+\cdots+k_ny_n^2,$$

则称为二次型的标准形.

如果二次型的标准形的系数 $k_1,k_2,\cdots,k_n$ 只在 1,−1,0 三个数中取值,则称为二次型的规范形. 例如

$$f=y_1^2+y_2^2+\cdots+y_p^2-y_{p+1}^2-\cdots-y_r^2.$$

### 5.5.2　线性变化下的二次型

对于二次型 $f=\boldsymbol{x}^{\mathrm{T}}\boldsymbol{A}\boldsymbol{x}$,讨论的主要问题是如何将该二次型化简,也就是要寻找一个可逆的线性变换

$$\begin{cases}x_1=c_{11}y_1+c_{12}y_2+\cdots+c_{1n}y_n,\\x_2=c_{21}y_1+c_{22}y_2+\cdots+c_{2n}y_n,\\\qquad\cdots\cdots\\x_n=c_{n1}y_1+c_{n2}y_2+\cdots+c_{nn}y_n,\end{cases}\tag{5.9}$$

将该二次型化简为标准型或规范形,为此,先研究在线性变换下二次型的变换规律.

如令

$$\boldsymbol{x}=\begin{pmatrix}x_1\\x_2\\\vdots\\x_n\end{pmatrix},\quad\boldsymbol{y}=\begin{pmatrix}y_1\\y_2\\\vdots\\y_n\end{pmatrix},\quad\boldsymbol{C}=\begin{pmatrix}c_{11}&c_{12}&\cdots&c_{1n}\\c_{21}&c_{22}&\cdots&c_{2n}\\\vdots&\vdots&&\vdots\\c_{n1}&c_{n2}&\cdots&c_{nn}\end{pmatrix},$$

则式(5.9)可写成如下形式:

$$\boldsymbol{x}=\boldsymbol{C}\boldsymbol{y}.$$

代入 $f=\boldsymbol{x}^{\mathrm{T}}\boldsymbol{A}\boldsymbol{x}$ 中得

$$f=(\boldsymbol{C}\boldsymbol{y})^{\mathrm{T}}\boldsymbol{A}(\boldsymbol{C}\boldsymbol{y})=\boldsymbol{y}^{\mathrm{T}}(\boldsymbol{C}^{\mathrm{T}}\boldsymbol{A}\boldsymbol{C})\boldsymbol{y}.$$

记 $\boldsymbol{B}=\boldsymbol{C}^{\mathrm{T}}\boldsymbol{A}\boldsymbol{C}$,则上式可写成

$$f=\boldsymbol{y}^{\mathrm{T}}\boldsymbol{B}\boldsymbol{y},\tag{5.10}$$

由于

$$\boldsymbol{B}^{\mathrm{T}}=(\boldsymbol{C}^{\mathrm{T}}\boldsymbol{A}\boldsymbol{C})^{\mathrm{T}}=\boldsymbol{C}^{\mathrm{T}}\boldsymbol{A}^{\mathrm{T}}(\boldsymbol{C}^{\mathrm{T}})^{\mathrm{T}}=\boldsymbol{C}^{\mathrm{T}}\boldsymbol{A}\boldsymbol{C}=\boldsymbol{B},$$

所以 $f=\boldsymbol{y}^{\mathrm{T}}\boldsymbol{B}\boldsymbol{y}$ 是关于变量 $y_1,y_2,\cdots,y_n$ 的一个二次型.

由此可见,在可逆的线性变换作用下,变化前后两个二次型矩阵之间具有 $\boldsymbol{B}=\boldsymbol{C}^{\mathrm{T}}\boldsymbol{A}\boldsymbol{C}$ 的关系,这种关系就称为合同关系.

### 5.5.3　矩阵的合同

**定义 5.11**　设 $\boldsymbol{A},\boldsymbol{B}$ 是两个 $n$ 阶方阵,如果存在一个 $n$ 阶可逆矩阵 $\boldsymbol{C}$,使得

$C^{\mathrm{T}}AC=B$,则称 $B$ 与 $A$ 合同,记为 $B\cong A$.

合同关系具有以下几个简单性质:

(1) 自反性:$A\cong A$ (因为 $E^{-1}AE=A$);

(2) 对称性:若 $B\cong A$, 则 $A\cong B$;

(3) 传递性:若 $A\cong B$ 且 $B\cong C$,则 $C\cong A$.

在(3)中,若 $A\cong B$ 且 $B\cong C$,则存在可逆矩阵 $P,Q$,使得 $P^{\mathrm{T}}AP=B$,$Q^{\mathrm{T}}BQ=C$,于是有 $Q^{\mathrm{T}}(P^{\mathrm{T}}AP)Q=C$,即 $(PQ)^{\mathrm{T}}A(PQ)=C$. 又因 $P,Q$ 可逆,所以 $PQ$ 可逆,则 $C\cong A$.

对于合同矩阵,也具有下列重要性质:

(1) 若 $A$ 为实对称矩阵且 $A\cong B$,则 $B$ 也是实对称矩阵;

(2) 若 $A$ 为实对称矩阵且 $A\cong B$,则 $A$ 相似于 $B$,$R(A)=R(B)$.

特别地,对于实对称矩阵 $A$,由定理 5.6 可知,必存在一个正交矩阵 $P$,使得

$$P^{-1}AP=P^{\mathrm{T}}AP=\begin{pmatrix}\lambda_1 & & & \\ & \lambda_2 & & \\ & & \ddots & \\ & & & \lambda_n\end{pmatrix},$$

其中 $\lambda_1,\lambda_2,\cdots,\lambda_n$ 恰是矩阵 $A$ 的全部特征值. 定理 5.6 不仅说明**任一实对称矩阵 $A$ 都合同于一个实对角矩阵**,而且从实对称矩阵 $A$ 和二次型一一对应的角度来讲,还说明**任何实二次型都可通过可逆的正交线性变换化为标准形**,这就是正交变换法.

## 5.6 化二次型为标准形

为了把二次型化为标准形,可以用正交变换法,它具有保持几何形状不变的优点,在许多实际问题中都要用到. 此外,还有配方法和初等合同变换法等. 在本节,将主要介绍正交变换法和配方法.

### 5.6.1 正交变换法

**定理 5.7** 任给二次型 $f=\sum\limits_{i=1}^{n}\sum\limits_{j=1}^{n}a_{ij}x_ix_j\ (a_{ij}=a_{ji})$, 总有正交变换 $x=Py$,使得 $f$ 化为标准形 $f=\lambda_1y_1^2+\lambda_2y_2^2+\cdots+\lambda_ny_n^2$,其中 $\lambda_1,\lambda_2,\cdots,\lambda_n$ 是 $f$ 的矩阵 $A=(a_{ij})$的特征值,$P$ 的 $n$ 个列向量 $p_1,p_2,\cdots,p_n$ 分别为 $A$ 对应于 $\lambda_1,\lambda_2,\cdots,\lambda_n$ 的两两正交的单位特征向量.

证明 略.

**推论 5.2** 任给二次型 $f=x^{\mathrm{T}}Ax$, 总有可逆变换 $x=Cz$,使得 $f(Cz)$ 为规范形.

下面通过例子来说明化二次型为标准形的正交变换法.

**例 5.10**　求一个正交变换 $\boldsymbol{x}=\boldsymbol{P}\boldsymbol{y}$,将二次型

$$f(x_1,x_2,x_3)=2x_1^2+x_2^2-4x_1x_2-4x_2x_3$$

化为标准形.

**解**　二次型的矩阵为

$$\boldsymbol{A}=\begin{pmatrix}2&-2&0\\-2&1&-2\\0&-2&0\end{pmatrix},$$

它的特征多项式为

$$|\boldsymbol{A}-\lambda\boldsymbol{E}|=\begin{vmatrix}2-\lambda&-2&0\\-2&1-\lambda&-2\\0&-2&-\lambda\end{vmatrix}=(\lambda-1)(\lambda+2)(\lambda-4),$$

从而 $\boldsymbol{A}$ 的特征值为

$$\lambda_1=1,\quad \lambda_2=-2,\quad \lambda_3=4.$$

当 $\lambda_1=1$ 时,解方程 $(\boldsymbol{A}-\boldsymbol{E})\boldsymbol{x}=\boldsymbol{0}$ 得基础解系 $\boldsymbol{\xi}_1=\begin{pmatrix}2\\1\\-2\end{pmatrix}$,单位化得 $\boldsymbol{p}_1=\frac{1}{3}\begin{pmatrix}2\\1\\-2\end{pmatrix}$.

当 $\lambda_2=-2$ 时,解方程 $(\boldsymbol{A}+2\boldsymbol{E})\boldsymbol{x}=\boldsymbol{0}$ 得基础解系 $\boldsymbol{\xi}_2=\begin{pmatrix}1\\2\\2\end{pmatrix}$,单位化得 $\boldsymbol{p}_2=\frac{1}{3}\begin{pmatrix}1\\2\\2\end{pmatrix}$.

当 $\lambda_3=4$ 时,解方程 $(\boldsymbol{A}-4\boldsymbol{E})\boldsymbol{x}=\boldsymbol{0}$ 得基础解系 $\boldsymbol{\xi}_3=\begin{pmatrix}2\\-2\\1\end{pmatrix}$,

单位化得 $\boldsymbol{p}_3=\frac{1}{3}\begin{pmatrix}2\\-2\\1\end{pmatrix}$.

令 $\boldsymbol{P}=(\boldsymbol{p}_1,\boldsymbol{p}_2,\boldsymbol{p}_3)$,于是正交变换为

$$\begin{pmatrix}x_1\\x_2\\x_3\end{pmatrix}=\begin{pmatrix}\frac{2}{3}&\frac{1}{3}&\frac{2}{3}\\\frac{1}{3}&\frac{2}{3}&-\frac{2}{3}\\-\frac{2}{3}&\frac{2}{3}&\frac{1}{3}\end{pmatrix}\begin{pmatrix}y_1\\y_2\\y_3\end{pmatrix},$$

$f$ 的标准形为

$$f=y_1^2-2y_2^2+4y_3^2.$$

**注 5.1**　如果要把二次型 $f$ 化成规范形，只需令 $\begin{cases} y_1 = z_1, \\ y_2 = \dfrac{z_2}{\sqrt{2}}, \\ y_3 = \dfrac{z_3}{2}, \end{cases}$ 即得 $f$ 的规范形为 $f = z_1^2 - z_2^2 + z_3^2$，此时，可逆的线性变换可写为 $\boldsymbol{x} = \boldsymbol{C}\boldsymbol{z}$，其中

$$\boldsymbol{C} = \begin{pmatrix} \frac{2}{3} & \frac{1}{3} & \frac{2}{3} \\ \frac{1}{3} & \frac{2}{3} & -\frac{2}{3} \\ -\frac{2}{3} & \frac{2}{3} & \frac{1}{3} \end{pmatrix} \cdot \begin{pmatrix} 1 & 0 & 0 \\ 0 & \frac{1}{\sqrt{2}} & 0 \\ 0 & 0 & \frac{1}{2} \end{pmatrix} = \begin{pmatrix} \frac{2}{3} & \frac{\sqrt{2}}{6} & \frac{1}{3} \\ \frac{1}{3} & \frac{\sqrt{2}}{3} & -\frac{1}{3} \\ -\frac{2}{3} & \frac{\sqrt{2}}{3} & \frac{1}{6} \end{pmatrix}.$$

**例 5.11**　求一个正交变换 $\boldsymbol{x} = \boldsymbol{P}\boldsymbol{y}$，将二次型

$$f(x_1, x_2, x_3) = 2x_1x_2 + 2x_1x_3 - 2x_2x_3$$

化为标准形.

**解**　二次型的矩阵为

$$\boldsymbol{A} = \begin{pmatrix} 0 & 1 & 1 \\ 1 & 0 & -1 \\ 1 & -1 & 0 \end{pmatrix},$$

它的特征多项式为

$$|\boldsymbol{A} - \lambda\boldsymbol{E}| = \begin{vmatrix} -\lambda & 1 & 1 \\ 1 & -\lambda & -1 \\ 1 & -1 & -\lambda \end{vmatrix} = -(\lambda - 1)^2(\lambda + 2),$$

从而 $\boldsymbol{A}$ 的特征值为

$$\lambda_1 = \lambda_2 = 1, \quad \lambda_3 = -2.$$

当 $\lambda_1 = \lambda_2 = 1$ 时，解方程 $(\boldsymbol{A} - \boldsymbol{E})\boldsymbol{x} = \boldsymbol{0}$ 得基础解系

$$\boldsymbol{\xi}_1 = \begin{pmatrix} 1 \\ 1 \\ 0 \end{pmatrix}, \quad \boldsymbol{\xi}_2 = \begin{pmatrix} 1 \\ 0 \\ 1 \end{pmatrix}.$$

正交化得

$$\boldsymbol{\eta}_1 = \begin{pmatrix} 1 \\ 1 \\ 0 \end{pmatrix}, \quad \boldsymbol{\eta}_2 = \frac{1}{2}\begin{pmatrix} 1 \\ -1 \\ 2 \end{pmatrix},$$

再单位化得

$$\boldsymbol{p}_1=\frac{1}{\sqrt{2}}\begin{pmatrix}1\\1\\0\end{pmatrix},\quad \boldsymbol{p}_2=\frac{1}{\sqrt{6}}\begin{pmatrix}1\\-1\\2\end{pmatrix}.$$

当 $\lambda_3=-2$ 时，解方程 $(\boldsymbol{A}+2\boldsymbol{E})\boldsymbol{x}=\boldsymbol{0}$ 得基础解系 $\boldsymbol{\xi}_3=\begin{pmatrix}-1\\1\\1\end{pmatrix}$，单位化得 $\boldsymbol{p}_3=\frac{1}{\sqrt{3}}\begin{pmatrix}-1\\1\\1\end{pmatrix}$，所以正交变换矩阵

$$\boldsymbol{P}=(\boldsymbol{p}_1,\boldsymbol{p}_2,\boldsymbol{p}_3)=\begin{pmatrix}\frac{1}{\sqrt{2}} & \frac{1}{\sqrt{6}} & -\frac{1}{\sqrt{3}}\\ \frac{1}{\sqrt{2}} & -\frac{1}{\sqrt{6}} & \frac{1}{\sqrt{3}}\\ 0 & \frac{2}{\sqrt{6}} & \frac{1}{\sqrt{3}}\end{pmatrix}.$$

由正交变换 $\boldsymbol{x}=\boldsymbol{P}\boldsymbol{y}$，就将 $f$ 化为标准形

$$f=y_1^2+y_2^2-2y_3^2.$$

由此可见，用正交变换化二次型为标准形的具体步骤如下：

(1) 写出二次型 $f$ 的矩阵 $\boldsymbol{A}$；

(2) 求出 $\boldsymbol{A}$ 的全部特征值；

(3) 求出对应于每个特征值的特征向量. 对单重特征值，仅需将属于它的特征向量单位化；对 $k$ 重特征值，则需将属于它的 $k$ 个线性无关的特征向量正交化、单位化；

(4) 以正交单位化后的特征向量为列构成正交矩阵 $\boldsymbol{P}$，写出正交变换 $\boldsymbol{x}=\boldsymbol{P}\boldsymbol{y}$；

(5) 按组成 $\boldsymbol{P}$ 时特征向量的次序，以其所属特征值为系数写出标准形.

### 5.6.2　配方法

拉格朗日配方法是利用代数公式 $(a\pm b)^2=a^2\pm 2ab+b^2$，将二次型配成完全平方式. 下面举例说明这种方法.

**例 5.12**　用配方法化二次型

$$f(x_1,x_2,x_3)=2x_1^2+x_2^2-4x_1x_2-4x_2x_3$$

为标准形，并求出变换矩阵.

**解**　由于 $f$ 中含变量 $x_1$ 的平方项，故把含 $x_1$ 的项归并起来，先配成平方项，然后再依次考虑 $x_2,x_3$，于是配方可得

$$\begin{aligned}f(x_1,x_2,x_3)&=2x_1^2+x_2^2-4x_1x_2-4x_2x_3\\&=(2x_1^2-4x_1x_2+2x_2^2)-x_2^2-4x_2x_3\\&=2(x_1-x_2)^2-(x_2^2+4x_2x_3+4x_3^2)+4x_3^2\\&=2(x_1-x_2)^2-(x_2+2x_3)^2+4x_3^2.\end{aligned}$$

令

$$\begin{cases}y_1=x_1-x_2,\\y_2=x_1+2x_3,\\y_3=x_3,\end{cases}$$

即

$$\begin{cases}x_1=y_1+y_2-2y_3,\\x_2=y_2-2y_3,\\x_3=y_3,\end{cases}$$

就把 $f$ 化成标准形

$$f=2y_1^2-y_2^2+4y_3^2.$$

所用变换矩阵为

$$\boldsymbol{C}=\begin{pmatrix}1&1&-2\\0&1&-2\\0&0&1\end{pmatrix},\quad |\boldsymbol{C}|=1\neq0.$$

**例 5.13**　用配方法化二次型

$$f(x_1,x_2,x_3)=2x_1x_2+2x_1x_3-2x_2x_3$$

为标准形,并求出变换阵 $\boldsymbol{C}$.

**解**　由于 $f$ 中不含平方项,故先用下列变换使 $f$ 含有平方项,再配方. 令

$$\begin{cases}x_1=y_1+y_2,\\x_2=y_1-y_2,\\x_3=y_3,\end{cases}$$

代入 $f$ 可得

$$\begin{aligned}f(x_1,x_2,x_3)&=2y_1^2-2y_2^2+4y_2y_3\\&=2y_1^2-2(y_2^2-2y_2y_3)\\&=2y_1^2-2(y_2-y_3)^2+2y_3^2.\end{aligned}$$

再令

$$\begin{cases}z_1=y_1,\\z_2=y_2-y_3,\\z_3=y_3,\end{cases}$$

即

$$\begin{cases} y_1 = z_1, \\ y_2 = z_2 + z_3, \\ y_3 = z_3, \end{cases}$$

于是

$$f = 2z_1^2 - 2z_2^2 + 2z_3^2,$$

所用变换矩阵为

$$\boldsymbol{C} = \begin{pmatrix} 1 & 1 & 0 \\ 1 & -1 & 0 \\ 0 & 0 & 1 \end{pmatrix}\begin{pmatrix} 1 & 0 & 0 \\ 0 & 1 & 1 \\ 0 & 0 & 1 \end{pmatrix} = \begin{pmatrix} 1 & 1 & 1 \\ 1 & -1 & -1 \\ 0 & 0 & 1 \end{pmatrix}, \quad |\boldsymbol{C}| = -2 \neq 0.$$

一般地,任何二次型都可用上面两例的方法找到可逆变换,把二次型化为标准形,但如果配方的次序不同或归并的完全平方式不同,则所化成的标准形可能也不同.

## 5.7　正定二次型

### 5.7.1　惯性定理

二次型的标准形显然不是唯一的,如 5.6 节的例 5.10 和例 5.12,例 5.11 和例 5.13,但是标准形中所含项数是确定的,而且标准形中正系数的个数是相同的,这就是实二次型的惯性定理.

**定理 5.8**　设有二次型 $f = \boldsymbol{x}^{\mathrm{T}}\boldsymbol{A}\boldsymbol{x}$,它的秩为 $r$,有两个可逆变换

$$\boldsymbol{x} = \boldsymbol{C}\boldsymbol{y}, \quad \boldsymbol{x} = \boldsymbol{P}\boldsymbol{z},$$

使得

$$f = k_1 y_1^2 + k_2 y_2^2 + \cdots + k_r y_r^2, \quad k_i \neq 0$$

及

$$f = \lambda_1 z_1^2 + \lambda_2 z_2^2 + \cdots + \lambda_r z_r^2, \quad \lambda_i \neq 0,$$

则 $k_1, k_2, \cdots, k_r$ 中正数的个数与 $\lambda_1, \lambda_2, \cdots, \lambda_r$ 中正数的个数相等.

定理 5.8 称为惯性定理,这里不予证明.

二次型的标准形中正系数的个数称为正惯性指数,负系数的个数称为负惯性指数. 若二次型 $f$ 的正惯性指数为 $p$,秩为 $r$,则 $f$ 的规范形便可确定为

$$f = y_1^2 + y_2^2 + \cdots + y_p^2 - y_{p+1}^2 - \cdots - y_r^2.$$

显然,由惯性定理可知,二次型的规范形是唯一确定的.

### 5.7.2　正定二次型的概念

在科学技术上用得较多的二次型是正惯性指数为 $n$ 或负惯性指数为 $n$ 的 $n$ 元二次型,为此,给出下述定义.

**定义 5.12**　设有二次型 $f(\boldsymbol{x}) = \boldsymbol{x}^{\mathrm{T}}\boldsymbol{A}\boldsymbol{x}$,如果对任何 $\boldsymbol{x} \neq \boldsymbol{0}$ 都有 $f(\boldsymbol{x}) > 0$,则称 $f$

为正定二次型,并称对称矩阵 $\boldsymbol{A}$ 是正定的;如果对任何 $\boldsymbol{x}\neq\boldsymbol{0}$ 都有 $f(\boldsymbol{x})<0$,则称 $f$ 为负定二次型,并称对称矩阵 $\boldsymbol{A}$ 是负定的.

从几何的角度来看,若 $f(x,y)$ 是二元正定二次型,则 $f(x,y)=c$(其中 $c$ 为正常数)的图形是一个椭圆. 若 $f(x,y,z)$ 是三元正定二次型,则 $f(x,y,z)=c$(其中 $c$ 为正常数)的图形是椭球面.

从代数的角度来看,由于任意一个二次型 $f(x_1,x_2,\cdots,x_n)$ 均可看成定义在实数域上的 $n$ 个变量的实函数,因此,讨论这个多元函数的恒正性、恒负性就是确定二次型的正定性、负定性. 但直接这样判断的难度非常大,于是常借助于以下方法来判定:

### 5.7.3 正定二次型的判定

**定理 5.9** $n$ 元二次型 $f=\boldsymbol{x}^{\mathrm{T}}\boldsymbol{A}\boldsymbol{x}$ 为正定的充分必要条件是它的标准型的 $n$ 个系数全为正,即它的正惯性指数等于 $n$.

**证明** 设可逆变换 $\boldsymbol{x}=\boldsymbol{C}\boldsymbol{y}$ 使得

$$f(\boldsymbol{x})=f(\boldsymbol{C}\boldsymbol{y})=k_1y_1^2+k_2y_2^2+\cdots+k_ny_n^2.$$

充分性. 设 $k_i>0(i=1,2,\cdots,n)$. 任给 $\boldsymbol{x}\neq\boldsymbol{0}$,因为 $\boldsymbol{C}$ 是可逆矩阵,则 $\boldsymbol{y}=\boldsymbol{C}^{-1}\boldsymbol{x}\neq\boldsymbol{0}$,故

$$f(\boldsymbol{x})=f(\boldsymbol{C}\boldsymbol{y})=k_1y_1^2+k_2y_2^2+\cdots+k_ny_n^2>0.$$

必要性. 用反证法,假设有 $k_s\leqslant 0$,则当 $\boldsymbol{y}=\boldsymbol{e}_s$(单位坐标向量)时,

$$f(\boldsymbol{x})=f(\boldsymbol{C}\boldsymbol{e}_s)=k_s\leqslant 0.$$

显然 $\boldsymbol{C}\boldsymbol{e}_s\neq\boldsymbol{0}$,这与 $f$ 为正定矛盾. 所以 $k_i>0(i=1,2,\cdots,n)$.

**推论 5.3** 对称矩阵 $\boldsymbol{A}$ 为正定的充分必要条件是 $\boldsymbol{A}$ 的特征值全为正.

**定理 5.10** 对称矩阵 $\boldsymbol{A}$ 为正定的充分必要条件是 $\boldsymbol{A}$ 的各阶顺序主子式都为正,即

$$a_{11}>0,\quad \begin{vmatrix} a_{11} & a_{12} \\ a_{21} & a_{22} \end{vmatrix}>0,\cdots,\quad |\boldsymbol{A}|=\begin{vmatrix} a_{11} & \cdots & a_{n1} \\ \vdots & & \vdots \\ a_{n1} & \cdots & a_{nn} \end{vmatrix}>0.$$

对称矩阵 $\boldsymbol{A}$ 为负定的充分必要条件是 $\boldsymbol{A}$ 的奇数阶顺序主子式为负,而偶数阶顺序主子式为正,即

$$(-1)^r\begin{vmatrix} a_{11} & \cdots & a_{1r} \\ \vdots & & \vdots \\ a_{1r} & \cdots & a_{rr} \end{vmatrix}>0\quad (r=1,2,\cdots,n).$$

定理 5.10 称为霍尔维茨定理,这里不予证明.

**例 5.14** 判定二次型

$$f=2x_1^2+5x_2^2+5x_3^2+4x_1x_2-4x_1x_3-8x_2x_3$$

是否正定?

**解法一**　用惯性指数法. 先将 $f$ 用配方法化成标准形, 即

$$\begin{aligned} f &= 2x_1^2+5x_2^2+5x_3^2+4x_1x_2-4x_1x_3-8x_2x_3 \\ &= 2(x_1+x_2-x_3)^2+3\left(x_2-\frac{2}{3}x_3\right)^2+\frac{5}{3}x_3^2 \\ &= 2y_1^2+3y_2^2+\frac{5}{3}y_3^2, \end{aligned}$$

其中

$$\begin{cases} y_1=x_1+x_2-x_3, \\ y_2=x_2-\dfrac{2}{3}x_3, \\ y_3=x_3. \end{cases}$$

因此 $f$ 的正惯性指数等于 3, 故 $f$ 为正定二次型.

**解法二**　用特征值法. $f$ 的矩阵

$$\boldsymbol{A}=\begin{pmatrix} 2 & 2 & -2 \\ 2 & 5 & -4 \\ -2 & -4 & 5 \end{pmatrix}.$$

因为

$$|\boldsymbol{A}-\lambda\boldsymbol{E}|=\begin{vmatrix} 2-\lambda & 2 & -2 \\ 2 & 5-\lambda & -4 \\ -2 & -4 & 5-\lambda \end{vmatrix}=(\lambda-1)^2(\lambda-10),$$

解得

$$\lambda_1=\lambda_2=1, \quad \lambda_3=10.$$

由于 $\boldsymbol{A}$ 的特征值全大于 0, 因此 $f$ 是正定二次型.

**解法三**　用顺序主子式法. 因为 $f$ 的矩阵为

$$\boldsymbol{A}=\begin{pmatrix} 2 & 2 & -2 \\ 2 & 5 & -4 \\ -2 & -4 & 5 \end{pmatrix},$$

其顺序主子式

$$a_{11}=2>0, \quad \begin{vmatrix} a_{11} & a_{12} \\ a_{21} & a_{22} \end{vmatrix}=\begin{vmatrix} 2 & 2 \\ 2 & 5 \end{vmatrix}=6>0, \quad |\boldsymbol{A}|=\begin{vmatrix} 2 & 2 & -2 \\ 2 & 5 & -4 \\ -2 & -4 & 5 \end{vmatrix}=10>0.$$

因此, $\boldsymbol{A}$ 是正定矩阵, $f$ 是正定二次型.

以上三种方法都是判别二次型是否正定的常用方法, 当能用顺序主子式判别时, 此法一般比较简单.

## 习 题 五

1. 试用施密特法把下列向量组正交化：

(1) $\boldsymbol{a}_1=(1,1,1)^{\mathrm{T}},\boldsymbol{a}_2=(1,2,3)^{\mathrm{T}},\boldsymbol{a}_3=(1,4,9)^{\mathrm{T}}$；

(2) $\boldsymbol{a}_1=(1,0,-1,1)^{\mathrm{T}},\boldsymbol{a}_2=(1,-1,0,1)^{\mathrm{T}},\boldsymbol{a}_3=(-1,1,1,0)^{\mathrm{T}}$.

2. 判断下列矩阵是否为正交矩阵，并说明理由：

(1) $\begin{pmatrix} 1 & -\frac{1}{2} & \frac{1}{3} \\ -\frac{1}{2} & 1 & \frac{1}{2} \\ \frac{1}{3} & \frac{1}{2} & -1 \end{pmatrix}$；　(2) $\begin{pmatrix} \frac{1}{9} & -\frac{8}{9} & -\frac{4}{9} \\ -\frac{8}{9} & \frac{1}{9} & -\frac{4}{9} \\ -\frac{4}{9} & -\frac{4}{9} & \frac{7}{9} \end{pmatrix}$.

3. 设 $\boldsymbol{x}$ 为 $n$ 维列向量，$\boldsymbol{x}^{\mathrm{T}}\boldsymbol{x}=1$，$\boldsymbol{H}=\boldsymbol{E}-2\boldsymbol{x}\boldsymbol{x}^{\mathrm{T}}$，证明 $\boldsymbol{H}$ 是对称的正交矩阵.

4. 求下列矩阵的特征值和特征向量：

(1) $\begin{pmatrix} -1 & -2 & 2 \\ 0 & 1 & 0 \\ 0 & 0 & 1 \end{pmatrix}$；　(2) $\begin{pmatrix} 2 & -1 & 2 \\ 5 & -3 & 3 \\ -1 & 0 & -2 \end{pmatrix}$；　(3) $\begin{pmatrix} 0 & 0 & 0 & 1 \\ 0 & 0 & 1 & 0 \\ 0 & 1 & 0 & 0 \\ 1 & 0 & 0 & 0 \end{pmatrix}$.

5. 设 $n$ 阶矩阵 $\boldsymbol{A}$ 满足 $\boldsymbol{A}^2=\boldsymbol{A}$，证明：

(1) $\boldsymbol{A}$ 的特征值只能是 1 或 0；

(2) $\boldsymbol{A}+\boldsymbol{E}$ 可逆.

6. 假设 $\lambda$ 为 $n$ 阶矩阵 $\boldsymbol{A}$ 的一个特征值，证明：

(1) 若 $\boldsymbol{A}$ 可逆，则 $\lambda\neq 0$，$\frac{1}{\lambda}$ 为 $\boldsymbol{A}^{-1}$ 的特征值；

(2) 若 $\boldsymbol{A}$ 可逆，则 $\frac{|\boldsymbol{A}|}{\lambda}$ 为 $\boldsymbol{A}$ 的伴随矩阵 $\boldsymbol{A}^*$ 的特征值；

(3) $\lambda^k$ 是 $\boldsymbol{A}^k$ 的特征值.

7. 设 $\boldsymbol{A}$ 为三阶方阵且 $\boldsymbol{B}=\boldsymbol{A}\boldsymbol{A}^*$，其中 $\boldsymbol{A}^*$ 为 $\boldsymbol{A}$ 的伴随矩阵，求 $\boldsymbol{B}$ 的特征值和特征向量.

8. 设三阶方阵 $\boldsymbol{A}$ 的特征值为 $2,1,-1$. 求：

(1) $|\boldsymbol{A}|$；

(2) $\boldsymbol{B}=2\boldsymbol{A}^3-5\boldsymbol{A}^2+3\boldsymbol{E}$ 的特征值；

(3) $|\boldsymbol{A}^*+3\boldsymbol{A}^{-1}+2\boldsymbol{E}|$.

9. 设 $\boldsymbol{A},\boldsymbol{B}$ 都是 $n$ 阶矩阵且 $\boldsymbol{A}$ 可逆，证明 $\boldsymbol{AB}$ 与 $\boldsymbol{BA}$ 相似.

10. 设矩阵 $\boldsymbol{A}=\begin{pmatrix} 2 & 0 & 1 \\ 3 & 1 & x \\ 4 & 0 & 5 \end{pmatrix}$ 可相似对角化，求 $x$.

11. 已知 $\boldsymbol{p}=\begin{pmatrix} 1 \\ 1 \\ -1 \end{pmatrix}$ 是矩阵 $\boldsymbol{A}=\begin{pmatrix} 2 & -1 & 2 \\ 5 & a & 3 \\ -1 & b & -2 \end{pmatrix}$ 的一个特征向量.

(1) 求参数 $a,b$ 及特征向量 $\boldsymbol{p}$ 所对应的特征值；

(2) 判断 $\boldsymbol{A}$ 能否对角化，并说明理由.

12. 试求一个正交相似变换矩阵，将下列对称矩阵化为对角矩阵：

(1) $\begin{pmatrix} 2 & -2 & 0 \\ -2 & 1 & -2 \\ 0 & -2 & 0 \end{pmatrix}$；　　(2) $\begin{pmatrix} 2 & 2 & -2 \\ 2 & 5 & -4 \\ -2 & -4 & 5 \end{pmatrix}$.

13. 设矩阵 $\boldsymbol{A}=\begin{pmatrix} 1 & -2 & -4 \\ -2 & x & -2 \\ -4 & -2 & 1 \end{pmatrix}$ 与 $\boldsymbol{\Lambda}=\begin{pmatrix} 5 & & \\ & -4 & \\ & & y \end{pmatrix}$ 相似，求 $x,y$，并求一个正交矩阵 $\boldsymbol{P}$，使 $\boldsymbol{P}^{-1}\boldsymbol{AP}=\boldsymbol{\Lambda}$.

14. 设三阶方阵 $\boldsymbol{A}$ 的特征值为 $\lambda_1=1,\lambda_2=0,\lambda_3=-1$，它们对应的特征向量依次为

$$\boldsymbol{p}_1=\begin{pmatrix} 1 \\ 2 \\ 2 \end{pmatrix},\boldsymbol{p}_2=\begin{pmatrix} 2 \\ -2 \\ 1 \end{pmatrix},\boldsymbol{p}_3=\begin{pmatrix} -2 \\ -1 \\ 2 \end{pmatrix},$$

求 $\boldsymbol{A}$.

15. 设三阶对称矩阵 $\boldsymbol{A}$ 的特征值为 $\lambda_1=6,\lambda_2=\lambda_3=3$，并且与特征值 $\lambda_1=6$ 对应的特征向量为 $\boldsymbol{p}_1=(1,1,1)^{\mathrm{T}}$，求 $\boldsymbol{A}$.

16. 设 $\boldsymbol{A}=\begin{pmatrix} 1 & 4 & 2 \\ 0 & -3 & 4 \\ 0 & 4 & 3 \end{pmatrix}$，求 $\boldsymbol{A}^{100}$.

17. 设 $\boldsymbol{A}=\begin{pmatrix} 2 & 1 & 2 \\ 1 & 2 & 2 \\ 2 & 2 & 1 \end{pmatrix}$，求 $\varphi(\boldsymbol{A})=\boldsymbol{A}^{10}-6\boldsymbol{A}^9+5\boldsymbol{A}^8$.

18. 用矩阵记号表示下列二次型：

(1) $f(x_1,x_2,x_3)=x_1^2+x_2^2+x_3^2+x_1x_2+2x_2x_3+2x_1x_3$；

(2) $f(x_1,x_2,x_3)=x_1x_2+2x_2x_3+3x_1x_3$.

19. 用正交变换将下列二次型化成标准形：

(1) $f(x_1,x_2,x_3)=x_1^2+2x_2^2+3x_3^2+4x_1x_2-4x_2x_3$；

(2) $f(x_1,x_2,x_3)=2x_1^2+2x_2^2+3x_3^2+2x_1x_2$.

20. 用配方法将下列二次型化为标准形，并写出所作的实可逆线性变换：

(1) $f(x_1,x_2,x_3,x_4)=x_1x_2+x_2x_3+x_3x_4+x_4x_1$；

(2) $f(x_1,x_2,x_3)=x_1^2+4x_1x_2-8x_2x_3$.

21. 判断下列二次型的正定性：

(1) $f(x_1,x_2,x_3)=-2x_1^2-6x_2^2-4x_3^2+2x_1x_2+2x_1x_3$；

(2) $f(x_1,x_2,x_3,x_4)=x_1^2+3x_2^2+9x_3^2+19x_4^2-2x_1x_2+4x_1x_3+2x_1x_4-6x_2x_4-12x_3x_4$.

22. 证明对称矩阵 $\boldsymbol{A}$ 为正定的充分必要条件是存在可逆矩阵 $\boldsymbol{P}$，使得 $\boldsymbol{A}=\boldsymbol{P}^{\mathrm{T}}\boldsymbol{P}$，即与单位矩阵 $\boldsymbol{E}$ 合同.

# 参考文献


杜红,李岚,孙淑兰,等.2007.线性代数(理工类少学时).北京:科学出版社

李选民.2004.工程数学基础.西安:西北工业大学出版社

刘书田,胡显佑,高旅端.2001.线性代数.北京:北京大学出版社

刘仲奎.2002.高等代数.北京:高等教育出版社

马元生.2007.线性代数简明教程.北京:科学出版社

欧阳克智,李富民,李选民.2004.简明线性代数.2版.北京:高等教育出版社

同济大学数学教研室.1999.线性代数.3版.北京:高等教育出版社

叶家琛,黄临文,范麟馨,等.2000.线性代数.上海:同济大学出版社

# 习题参考答案

## 习　题　一

1. (1) 8,偶排列；　(2) 3,奇排列；　(3) 5,奇排列；　(4) 13,奇排列.

2. (1) 正号；　(2) 负号；　(3) 正号.

3. $k=5, l=1$.

4. (1) 38；　(2) $a^2$；　(3) 6123000.

5. (1) $-12$；　(2) $-25$；　(3) $a^2(3+a)$.

6. (1) 1；　(2) 160；　(3) 134；　(4) $-2(x^3+y^3)$.

7. $M_{41}+M_{42}+M_{43}+M_{44}=-28, A_{41}+A_{42}+A_{43}+A_{44}=0$.

8. $-15$.

9. $x=-3, x=3$(二重).

10. 略.

11. $x=1, y=2, z=3$.

12. 当 $a\neq b\neq c$ 时有唯一解,并且唯一解为 $x=a, y=b, z=c$.

13. $a_0=3, a_1=\dfrac{-3}{2}, a_2=2, a_3=\dfrac{-1}{2}$.

## 习　题　二

1. $3\boldsymbol{AB}-2\boldsymbol{A}=\begin{pmatrix}-2 & 13 & 22\\-2 & -17 & 20\\4 & 29 & -2\end{pmatrix}, \boldsymbol{A}^{\mathrm{T}}\boldsymbol{B}=\begin{pmatrix}0 & 5 & 8\\0 & -5 & 6\\2 & 9 & 0\end{pmatrix}$.

2. (1) $\begin{pmatrix}35\\6\\49\end{pmatrix}$；　(2) 10；　(3) $\begin{pmatrix}-2 & 4\\-1 & 2\\-3 & 6\end{pmatrix}$；

　(4) $a_{11}x_1^2+a_{22}x_2^2+a_{33}x_3^2+2a_{12}x_1x_2+2a_{13}x_1x_3+2a_{23}x_2x_3$.

3. (1) 取 $\boldsymbol{A}=\begin{pmatrix}0 & 1\\0 & 0\end{pmatrix}, \boldsymbol{A}^2=\boldsymbol{O}$,但 $\boldsymbol{A}\neq\boldsymbol{O}$;

　(2) 取 $\boldsymbol{A}=\begin{pmatrix}0 & 1\\0 & 0\end{pmatrix}, \boldsymbol{A}^2=\boldsymbol{A}$,但 $\boldsymbol{A}\neq\boldsymbol{O}$ 且 $\boldsymbol{A}\neq\boldsymbol{E}$;

　(3) 取 $\boldsymbol{A}=\begin{pmatrix}1 & -1\\0 & 0\end{pmatrix}, \boldsymbol{X}=\begin{pmatrix}2 & 1\\1 & 0\end{pmatrix}, \boldsymbol{Y}=\begin{pmatrix}1 & 2\\0 & 1\end{pmatrix}, \boldsymbol{AX}=\boldsymbol{AY}=\begin{pmatrix}1 & 1\\0 & 1\end{pmatrix}$ 且 $\boldsymbol{A}\neq\boldsymbol{O}, \boldsymbol{X}\neq\boldsymbol{Y}$.

4. $\boldsymbol{A}^2=\begin{pmatrix}1 & 0\\\lambda & 1\end{pmatrix}\begin{pmatrix}1 & 0\\\lambda & 1\end{pmatrix}=\begin{pmatrix}1 & 0\\2\lambda & 1\end{pmatrix}, \boldsymbol{A}^3=\begin{pmatrix}1 & 0\\3\lambda & 1\end{pmatrix}$,再用数学归纳法证明 $\boldsymbol{A}^k=\begin{pmatrix}1 & 0\\k\lambda & 1\end{pmatrix}$.

5. 充分性. 由 $\boldsymbol{AB}=\boldsymbol{BA}$ 及 $\boldsymbol{A}^{\mathrm{T}}=\boldsymbol{A},\boldsymbol{B}^{\mathrm{T}}=\boldsymbol{B}$ 得 $(\boldsymbol{AB})^{\mathrm{T}}=\boldsymbol{B}^{\mathrm{T}}\boldsymbol{A}^{\mathrm{T}}=\boldsymbol{BA}=\boldsymbol{AB}$,故 $\boldsymbol{AB}$ 是对称矩阵. 必要性. 由 $\boldsymbol{AB}$ 是对称矩阵及 $\boldsymbol{A}^{\mathrm{T}}=\boldsymbol{A},\boldsymbol{B}^{\mathrm{T}}=\boldsymbol{B}$ 得 $\boldsymbol{AB}=(\boldsymbol{AB})^{\mathrm{T}}=\boldsymbol{B}^{\mathrm{T}}\boldsymbol{A}^{\mathrm{T}}=\boldsymbol{BA}$.

6. $\boldsymbol{A}^4=\begin{pmatrix}5^4&0&0&0\\0&5^4&0&0\\0&0&2^4&0\\0&0&2^6&2^4\end{pmatrix}$, $|\boldsymbol{A}^8|=|\boldsymbol{A}|^8=10^{16}$.

7. (1) $\begin{pmatrix}1&1&-2&-4\\0&1&0&-1\\-1&-1&3&6\\2&1&-6&-10\end{pmatrix}$;　(2) $\begin{pmatrix}a_1^{-1}&&&\\&a_2^{-1}&&\\&&\ddots&\\&&&a_n^{-1}\end{pmatrix}$, $(a_1,a_2,\cdots,a_n)\neq 0$.

8. (1) $\boldsymbol{X}=\begin{pmatrix}1&1\\\frac{1}{4}&0\end{pmatrix}$;　(2) $\boldsymbol{X}=\begin{pmatrix}2&-1&0\\1&3&-4\\1&0&-2\end{pmatrix}$.

9. $\begin{cases}x=1,\\y=0,\\z=0.\end{cases}$

10. 由 $(\boldsymbol{E}-\boldsymbol{A})(\boldsymbol{E}+\boldsymbol{A}+\boldsymbol{A}^2+\cdots\boldsymbol{A}^{k-1})=\boldsymbol{E}+\boldsymbol{A}+\boldsymbol{A}^2+\cdots\boldsymbol{A}^{k-1}-\boldsymbol{A}-\boldsymbol{A}^2-\cdots-\boldsymbol{A}^k=\boldsymbol{E}-\boldsymbol{O}=\boldsymbol{E}$ 可知 $\boldsymbol{E}-\boldsymbol{A}$ 可逆,并且其逆矩阵 $(\boldsymbol{E}-\boldsymbol{A})^{-1}=\boldsymbol{E}+\boldsymbol{A}+\boldsymbol{A}^2+\cdots\boldsymbol{A}^{k-1}$.

11. $-16$.

12. $\boldsymbol{X}=\boldsymbol{A}+\boldsymbol{E}=\begin{pmatrix}2&0&1\\0&3&0\\1&0&2\end{pmatrix}$.

13. $\boldsymbol{B}=\begin{pmatrix}6&0&0&0\\0&6&0&0\\6&0&6&0\\0&3&0&-1\end{pmatrix}$.

14. $\boldsymbol{A}^{11}=\frac{1}{3}\begin{pmatrix}1+2^{13}&4+2^{13}\\-1-2^{11}&-4-2^{11}\end{pmatrix}$.

15. $\boldsymbol{A}^{-1}=\frac{1}{2}(\boldsymbol{A}-\boldsymbol{E})$, $(\boldsymbol{A}+2\boldsymbol{E})^{-1}=\frac{1}{2}(3\boldsymbol{E}-\boldsymbol{A})$.

16. 因为 $\boldsymbol{A},\boldsymbol{B}$ 及 $\boldsymbol{A}+\boldsymbol{B}$ 均可逆,$\boldsymbol{AA}^{-1}=\boldsymbol{A}^{-1}\boldsymbol{A}=\boldsymbol{E}$, $\boldsymbol{BB}^{-1}=\boldsymbol{B}^{-1}\boldsymbol{B}=\boldsymbol{E}$,于是

$\boldsymbol{A}^{-1}+\boldsymbol{B}^{-1}=\boldsymbol{A}^{-1}\boldsymbol{E}+\boldsymbol{EB}^{-1}=\boldsymbol{A}^{-1}\boldsymbol{BB}^{-1}+\boldsymbol{A}^{-1}\boldsymbol{AB}^{-1}=\boldsymbol{A}^{-1}(\boldsymbol{B}+\boldsymbol{A})\boldsymbol{B}=\boldsymbol{A}^{-1}(\boldsymbol{A}+\boldsymbol{B})\boldsymbol{B}^{-1}$,这样, $\boldsymbol{A}^{-1}+\boldsymbol{B}^{-1}$ 已经表示成了三个可逆矩阵的乘积,于是 $\boldsymbol{A}^{-1}+\boldsymbol{B}^{-1}$ 也可逆;由可逆矩阵的性质,有

$(\boldsymbol{A}^{-1}+\boldsymbol{B}^{-1})^{-1}=[\boldsymbol{A}^{-1}(\boldsymbol{A}+\boldsymbol{B})\boldsymbol{B}^{-1}]^{-1}=\boldsymbol{B}^{-1})^{-1}(\boldsymbol{A}+\boldsymbol{B})^{-1}(\boldsymbol{A}^{-1})^{-1}=\boldsymbol{B}(\boldsymbol{A}+\boldsymbol{B})^{-1}\boldsymbol{A}$.

17. (1) 都有可能. 如 $\boldsymbol{A}=\begin{bmatrix}1&0&0&0&0&0\\0&1&0&0&0&0\\0&0&1&0&0&0\end{bmatrix}$ 的秩是 3,但有等于 0 的 2 阶子式,也有等于 0 的 3 阶子式;

(2) $\boldsymbol{R}(\boldsymbol{A})-1\leqslant\boldsymbol{R}(\boldsymbol{B})=\boldsymbol{R}(\boldsymbol{A})$.

18. $\begin{pmatrix} 1 & 0 & 1 & 0 & 0 \\ 1 & -1 & 0 & 0 & 0 \\ 0 & 0 & 1 & 0 & 0 \\ 0 & 0 & 0 & 1 & 0 \\ 0 & 0 & 0 & 0 & 0 \end{pmatrix}$.

19. $\boldsymbol{A} \to \begin{bmatrix} 1 & 3 & -4 & -4 & 2 \\ 0 & -7 & 11 & 9 & -7 \\ 0 & 0 & 0 & 0 & -1 \end{bmatrix}$，$\boldsymbol{R}(\boldsymbol{A})=3$，$\begin{vmatrix} 3 & 2 & -1 \\ 2 & -1 & -3 \\ 7 & 0 & -8 \end{vmatrix}$是$\boldsymbol{A}$的一个最高阶非零子式.

20. (1) $k=1$；　(2) $k=-2$；　(3) $k\neq 1$ 且 $k\neq -2$.

21.

22. (1) $\begin{pmatrix} x_1 \\ x_2 \\ x_3 \\ x_4 \end{pmatrix}=k_1\begin{pmatrix} -2 \\ 1 \\ 0 \\ 0 \end{pmatrix}+k_2\begin{pmatrix} 1 \\ 0 \\ 0 \\ 1 \end{pmatrix}$；(2) $\begin{pmatrix} x_1 \\ x_2 \\ x_3 \\ x_4 \end{pmatrix}=k_1\begin{pmatrix} \frac{3}{17} \\ \frac{19}{17} \\ 1 \\ 0 \end{pmatrix}+k_2\begin{pmatrix} -\frac{13}{17} \\ -\frac{17}{20} \\ 0 \\ 1 \end{pmatrix}$.（$k_1,k_2$ 为任意实数）

23. (1) 无解；(2) $\begin{pmatrix} x_1 \\ x_2 \\ x_3 \\ x_4 \end{pmatrix}=k_1\begin{pmatrix} \frac{1}{7} \\ \frac{5}{7} \\ 1 \\ 0 \end{pmatrix}+k_2\begin{pmatrix} \frac{1}{7} \\ -\frac{9}{7} \\ 0 \\ 1 \end{pmatrix}+\begin{pmatrix} \frac{6}{7} \\ -\frac{5}{7} \\ 0 \\ 0 \end{pmatrix}$.（$k_1,k_2$ 为任意实数）

24. (1) $\lambda\neq 1,-2$ 时，方程组有唯一解；
(2) $\lambda=-2$ 时，方程组无解；
(3) $\lambda=1$ 时，方程组有无穷多个解.

# 习 题 三

1. (3,8,7).
2. $\boldsymbol{\alpha}=(1,2,3,4)$.
3. $\boldsymbol{\beta}=-11\boldsymbol{\alpha}_1+14\boldsymbol{\alpha}_2+9\boldsymbol{\alpha}_3$.
4. $\boldsymbol{\beta}=\frac{9}{5}\boldsymbol{\alpha}_3-\frac{18}{5}\boldsymbol{\alpha}_2-\frac{5}{3}\boldsymbol{\alpha}_1$.
5. $(\boldsymbol{\beta}_1,\boldsymbol{\beta}_2,\boldsymbol{\beta}_3)=(\boldsymbol{\alpha}_1,\boldsymbol{\alpha}_2,\boldsymbol{\alpha}_3)\begin{pmatrix} 1 & 1 & -1 \\ -1 & 1 & 1 \\ 1 & -1 & 1 \end{pmatrix}$

$$\Leftrightarrow(\boldsymbol{\alpha}_1,\boldsymbol{\alpha}_2,\boldsymbol{\alpha}_3)=(\boldsymbol{\beta}_1,\boldsymbol{\beta}_2,\boldsymbol{\beta}_3)\begin{pmatrix} 1 & 1 & -1 \\ -1 & 1 & 1 \\ 1 & -1 & 1 \end{pmatrix}^{-1}=(\boldsymbol{\beta}_1,\boldsymbol{\beta}_2,\boldsymbol{\beta}_3)\begin{pmatrix} \frac{1}{2} & 0 & \frac{1}{2} \\ \frac{1}{2} & \frac{1}{2} & 0 \\ 0 & \frac{1}{2} & \frac{1}{2} \end{pmatrix},$$

即

$$\boldsymbol{\alpha}_1=\frac{1}{2}\boldsymbol{\beta}_1+\frac{1}{2}\boldsymbol{\beta}_2,\quad \boldsymbol{\alpha}_2=\frac{1}{2}\boldsymbol{\beta}_2+\frac{1}{2}\boldsymbol{\beta}_3,\quad \boldsymbol{\alpha}_3=\frac{1}{2}\boldsymbol{\beta}_1+\frac{1}{2}\boldsymbol{\beta}_3.$$

6. 向量组 $\boldsymbol{\alpha}_1,\boldsymbol{\alpha}_2,\boldsymbol{\alpha}_3$ 线性无关.

7. 提示:设 $k_1(\boldsymbol{\alpha}+\boldsymbol{\beta})+k_2(\boldsymbol{\beta}+\boldsymbol{\gamma})+k_3(\boldsymbol{\gamma}+\boldsymbol{\alpha})=\mathbf{0}$,证明 $k_1=k_2=k_3=0$.

8. 一个极大向量组为 $\boldsymbol{\alpha}_1,\boldsymbol{\alpha}_2$,并且 $\boldsymbol{\alpha}_3=\frac{1}{2}\boldsymbol{\alpha}_1+\boldsymbol{\alpha}_2,\boldsymbol{\alpha}_4=\boldsymbol{\alpha}_1+\boldsymbol{\alpha}_2$.

9. 提示:两个向量组的极大线性无关组等价.

10. 提示:向量组 $\alpha_1,\alpha_2,\alpha_3,\alpha_5-\alpha_4$ 线性无关.

# 习　题　四

1. (1) $\boldsymbol{\xi}_1=\begin{pmatrix}-4\\0\\1\\-3\end{pmatrix},\boldsymbol{\xi}_2=\begin{pmatrix}0\\1\\0\\4\end{pmatrix}$; (2) $\boldsymbol{\xi}_1\begin{pmatrix}0\\0\\1\\2\end{pmatrix},\boldsymbol{\xi}_2=\begin{pmatrix}1\\7\\0\\19\end{pmatrix}$;

(3) $\boldsymbol{\xi}_1\begin{pmatrix}-2\\1\\0\\0\\0\end{pmatrix},\boldsymbol{\xi}_2=\begin{pmatrix}-2\\0\\1\\0\\0\end{pmatrix}$; (4) 无基础解系,只有零解.

2. 提示:$\boldsymbol{\alpha}_1,\boldsymbol{\alpha}_2$ 为基础解系,$\boldsymbol{\alpha}_1+\boldsymbol{\alpha}_2,2\boldsymbol{\alpha}_1-\boldsymbol{\alpha}_3$ 也是齐次线性方程组的解,只要证明线性无关即可.

3. (1) $\begin{cases}2x_1-3x_2+x_4=0,\\x_1-3x_3+2x_4=0;\end{cases}$ (2) $\begin{cases}5x_1+x_2-x_3-x_4=0,\\x_1+x_2-x_3-x_5=0.\end{cases}$

4. (1) $\boldsymbol{\eta}=\begin{pmatrix}-8\\13\\0\\2\end{pmatrix},\boldsymbol{\xi}=\begin{pmatrix}-1\\1\\1\\0\end{pmatrix}$; (2) $\boldsymbol{\eta}=\begin{pmatrix}1\\-2\\0\\0\end{pmatrix},\boldsymbol{\xi}_1=\begin{pmatrix}-9\\1\\7\\0\end{pmatrix},\boldsymbol{\xi}_2=\begin{pmatrix}1\\-1\\0\\2\end{pmatrix}$.

5. $\boldsymbol{x}=\boldsymbol{\eta}_1+c[2\boldsymbol{\eta}_1-(\boldsymbol{\eta}_2+\boldsymbol{\eta}_3)]=\begin{pmatrix}2\\3\\4\\5\end{pmatrix}+c\begin{pmatrix}3\\4\\5\\6\end{pmatrix}$,$c$ 为任意实数.

6. $\boldsymbol{B}=\begin{pmatrix}1&0\\5&2\\8&1\\0&1\end{pmatrix}$.

7. 基础系数 $\boldsymbol{\xi}=\begin{pmatrix}1\\1\\1\\\vdots\\1\end{pmatrix}$,通解 $\boldsymbol{x}=k\boldsymbol{\xi}=k\begin{pmatrix}1\\1\\1\\\vdots\\1\end{pmatrix}$(其中 $k$ 为常数).

8. $\boldsymbol{R}(\boldsymbol{A})=r=3, n-r=4-3=1$,基础系数 $\boldsymbol{\xi}=\begin{pmatrix}1\\1\\1\\1\end{pmatrix}$,通解 $\boldsymbol{x}=k\boldsymbol{\xi}=k\begin{pmatrix}1\\1\\1\\1\end{pmatrix}$(其中 $k$ 为常数).

9. 提示:$\boldsymbol{R}(\boldsymbol{A})=r=n-1, n-r=n-(n-1)=1$,$\boldsymbol{AX}=\boldsymbol{0}$ 的基础解系仅含有一个向量.

10. 提示:$\boldsymbol{\eta}_0$ 是非齐次线性方程组 $\boldsymbol{AX}=\boldsymbol{\beta}$ 的特解.

# 习 题 五

1. (1) $\boldsymbol{\beta}_1=(1,1,1)^{\mathrm{T}}, \boldsymbol{\beta}_2=(-1,0,1)^{\mathrm{T}}, \boldsymbol{\beta}_3=\frac{1}{3}(1,-2,1)^{\mathrm{T}}$;

(2) $\boldsymbol{b}_1=(1,0,-1,1)^{\mathrm{T}}, \boldsymbol{b}_2=\frac{1}{3}(1,-3,2,1)^{\mathrm{T}}, \boldsymbol{b}_3=\frac{1}{5}(-1,3,3,4)^{\mathrm{T}}$;

2. (1)不是; (2)是.

3. 略.

4. (1) $\lambda_1=-1, \lambda_2=\lambda_3=1, \boldsymbol{p}_1=(1,0,0)^{\mathrm{T}}, \boldsymbol{p}_2=(1,0,1)^{\mathrm{T}}, \boldsymbol{p}_3=(-1,1,0)^{\mathrm{T}}$;

(2) $\lambda_1=\lambda_2=\lambda_3=-1, \boldsymbol{p}=(1,1,-1)^{\mathrm{T}}$;

(3) $\lambda_1=\lambda_2=1, \lambda_3=\lambda_4=-1, \boldsymbol{p}_1=(1,1,0,0)^{\mathrm{T}}, \boldsymbol{p}_2=(0,0,1,1)^{\mathrm{T}}, \boldsymbol{p}_3=(1,-1,0,0)^{\mathrm{T}}, \boldsymbol{p}_4=(0,0,1,-1)^{\mathrm{T}}$.

5. 略.

6. 略.

7. $\boldsymbol{B}$ 的特征值为 $\lambda_1=\lambda_2=\lambda_3=|\boldsymbol{A}|$,对应的全部特征向量为

$$k_1\begin{pmatrix}1\\0\\0\end{pmatrix}+k_2\begin{pmatrix}0\\1\\0\end{pmatrix}+k_3\begin{pmatrix}0\\0\\1\end{pmatrix},$$

其中 $k_1, k_2, k_3$ 不全为 0.

8. (1) $-2$; (2) $\lambda_1=10, \lambda_2=0, \lambda_3=-4$; (3) $\frac{15}{2}$.

9. 略.

10. $x=3$.

11. (1) $a=-3, b=0, \lambda=-1$; (2) 不能.

12. (1) $\boldsymbol{P}=\frac{1}{3}\begin{pmatrix}1&2&2\\2&1&-2\\2&-2&1\end{pmatrix}, \boldsymbol{P}^{-1}\boldsymbol{AP}=\begin{pmatrix}-2&&\\&1&\\&&4\end{pmatrix}$;

(2) $\boldsymbol{P}=\begin{pmatrix}\frac{1}{3}&0&\frac{4}{3\sqrt{2}}\\\frac{2}{3}&\frac{1}{\sqrt{2}}&\frac{1}{3\sqrt{2}}\\-\frac{2}{3}&\frac{1}{\sqrt{2}}&\frac{1}{3\sqrt{2}}\end{pmatrix}, \boldsymbol{P}^{-1}\boldsymbol{AP}=\begin{pmatrix}10&&\\&1&\\&&1\end{pmatrix}$.

13. $x=4,y=5,\boldsymbol{P}=\begin{pmatrix} \frac{1}{\sqrt{2}} & \frac{2}{3} & \frac{1}{3\sqrt{2}} \\ 0 & \frac{1}{3} & -\frac{4}{3\sqrt{2}} \\ -\frac{1}{\sqrt{2}} & \frac{2}{3} & \frac{1}{3\sqrt{2}} \end{pmatrix}$.

14. $\boldsymbol{A}=\begin{pmatrix} -\frac{1}{3} & 0 & \frac{2}{3} \\ 0 & \frac{1}{3} & \frac{2}{3} \\ \frac{2}{3} & \frac{2}{3} & 0 \end{pmatrix}$.

15. $\boldsymbol{A}=\begin{pmatrix} 4 & 1 & 1 \\ 1 & 4 & 1 \\ 1 & 1 & 4 \end{pmatrix}$.

16. $\boldsymbol{A}^{100}=\begin{pmatrix} 1 & 0 & 5^{100}-1 \\ 0 & 5^{100} & 0 \\ 0 & 0 & 5^{100} \end{pmatrix}$.

17. $\boldsymbol{\varphi}(\boldsymbol{A})=2\begin{pmatrix} 1 & 1 & -2 \\ 1 & 1 & -2 \\ -2 & -2 & 4 \end{pmatrix}$.

18. (1) $\begin{pmatrix} 1 & \frac{1}{2} & 1 \\ \frac{1}{2} & 1 & 1 \\ 1 & 1 & 1 \end{pmatrix}$; (2) $\begin{pmatrix} 0 & \frac{1}{2} & \frac{3}{2} \\ \frac{1}{2} & 0 & 1 \\ \frac{3}{2} & 1 & 0 \end{pmatrix}$.

19. (1) $\boldsymbol{P}=\frac{1}{3}\begin{pmatrix} -2 & 2 & 1 \\ 2 & 1 & 2 \\ 1 & 2 & -2 \end{pmatrix}$, $f=-y_1^2+2y_2^2+5y_3^2$;

(2) $\boldsymbol{P}=\begin{pmatrix} -\frac{1}{\sqrt{2}} & \frac{1}{\sqrt{2}} & 0 \\ \frac{1}{\sqrt{2}} & \frac{1}{\sqrt{2}} & 0 \\ 0 & 0 & 1 \end{pmatrix}$, $f=y_1^2+3y_2^2+3y_3^2$.

20. (1) $y_1^2-y_2^2$,线性变换为$\begin{cases} x_1=y_1-y_2-y_3, \\ x_2=y_1+y_2-y_4, \\ x_3=y_3, x_4=y_4; \end{cases}$

(2) $y_1^2-4y_2^2+4y_3^2$,线性变换为$\begin{cases} x_1=y_1-2y_2+2y_3, \\ x_2=y_2-y_3, \\ x_3=y_3. \end{cases}$

21. (1) 负定; (2) 正定.

22. 略.